职业技术·职业资格培训教材

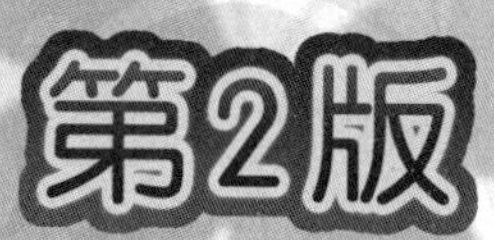

化妆师

主　编　范丛博
编　者　范丛博　陈海燕　范　浩
主　审　刘利明

中国劳动社会保障出版社

图书在版编目(CIP)数据

化妆师：五级/上海市职业技能鉴定中心组织编写．—2版．—北京：中国劳动社会保障出版社，2013

1+X职业技术·职业资格培训教材

ISBN 978-7-5167-0082-2

Ⅰ.①化… Ⅱ.①上… Ⅲ.①化妆-职业技能-鉴定-教材 Ⅳ.①TS974.1

中国版本图书馆CIP数据核字(2013)第052864号

中国劳动社会保障出版社出版发行

(北京市惠新东街1号 邮政编码：100029)

出 版 人：张梦欣

*

三河市潮河印业有限公司印刷装订 新华书店经销

787毫米×1092毫米 16开本 12.25印张 243千字

2013年4月第2版 2017年1月第6次印刷

定价：48.00元

读者服务部电话：(010)64929211/64921644/84626437

营销部电话：(010)64961894

出版社网址：http://www.class.com.cn

内容简介

本教材由人力资源和社会保障部教材办公室、中国就业培训技术指导中心上海分中心、上海市职业技能鉴定中心依据上海1＋X化妆师（五级）职业技能鉴定细目组织编写。本教材从强化培养操作技能，掌握实用技术的角度出发，较好地体现了当前最新的实用知识与操作技术，对于提高从业人员的基本素质，掌握化妆师（五级）的核心知识与技能有直接的帮助和指导作用。

本教材在编写过程中根据本职业的工作特点，以能力培养为根本出发点，采用模块化的编写方式。本教材内容共分为5个单元，主要包括：中国化妆简史、生活化妆基本常识与技法、绘画基础理论与化妆、不同妆型特点与化妆技法、造型理论的相关基础知识。每一单元都着重介绍相关专业理论知识与专业操作技能，使理论与实践得到有机的结合。为方便读者掌握所学知识与技能，教材在部分单元后附有单元测试题及答案。

本教材可作为化妆师（五级）职业技能培训与鉴定考核教材，也可供全国中、高等职业技术院校相关专业师生参考使用，以及本职业从业人员培训使用。

改版说明

1+X职业技术·职业资格培训教材《化妆师（初级）》自2007年出版以来，在职业技能培训和资格鉴定考试中发挥了很大的作用，取得了较好的社会效益，受到广大读者的欢迎和好评。

随着我国科技进步、产业结构调整、市场经济的不断发展，新的国家和行业标准的相继颁布和实施，对五级化妆师的职业技能提出了新的要求。为此，国家人力资源和社会保障部教材办公室、中国就业培训技术指导中心上海分中心、上海市职业技能鉴定中心联合组织了有关方面的专家和技术人员，按照新的五级化妆师职业技能鉴定目录对教材进行了改版，使其更适应社会发展和行业需要，更好地为从业人员和社会广大读者服务。

为保持本套教材的延续性，顾及原有读者的层次，本次修订围绕五级化妆师应知应会培训大纲，根据教学和技能培训的实践及鉴定细目表，在原教材基础上进行了修改。新版教材在结构安排上尊重了原教材，对废旧知识进行了更新和适当删除，对旧标准相关的技术内容进行了修订，同时补充了一些较为新颖的内容，更换了一些新的化妆图片，使教材内容更广更新，更具有实用性。在操作技能方面，紧扣五级技能鉴定考题。

本教材在编写过程中，化妆造型由任淑琼、张月华等设计完成，部分插图绘制由金小翔、江玲君完成，部分照片由高谨提供，化妆品（法国星贝儿彩妆）由上海嘉荣格彩妆造型工作室友情提供。在此，对以上单位和个人提供的热情帮助表示衷心的感谢。

因时间仓促，教材中的不足和疏漏之处在所难免，欢迎读者及业内同人批评指正。

前言

职业培训制度的积极推进，尤其是职业资格证书制度的推行，为广大劳动者系统地学习相关职业的知识和技能，提高就业能力、工作能力和职业转换能力提供了可能，同时也为企业选择适应生产需要的合格劳动者提供了依据。

随着我国科学技术的飞速发展和产业结构的不断调整，各种新兴职业应运而生，传统职业中也愈来愈多、愈来愈快地融进了各种新知识、新技术和新工艺。因此，加快培养合格的、适应现代化建设要求的高技能人才就显得尤为迫切。近年来，上海市在加快高技能人才建设方面进行了有益的探索，积累了丰富而宝贵的经验。为优化人力资源结构，加快高技能人才队伍建设，上海市人力资源和社会保障局在提升职业标准、完善技能鉴定方面做了积极的探索和尝试，推出了1+X培训与鉴定模式。1+X中的1代表国家职业标准，X是为适应上海市经济发展的需要，对职业的部分知识和技能要求进行的扩充和更新。随着经济发展和技术进步，X将不断被赋予新的内涵，不断得到深化和提升。

上海市1+X培训与鉴定模式，得到了国家人力资源和社会保障部的支持和肯定。为配合上海市开展的1+X培训与鉴定的需要，人力资源和社会保障部教材办公室、中国就业培训技术指导中心上海分中心、上海市职业技能鉴定中心联合组织有关方面的专家、技术人员共同编写了职业技术·职业资格培训系列教材。

职业技术·职业资格培训教材严格按照1+X鉴定考核细目进行编写，教材内容充分反映了当前从事职业活动所需要的核心知识与技能，较好地体现了适用性、先进性与前瞻性。聘请编写1+X鉴定考核细目的专家，以及相关行业的专家参与教材的编审工作，保证了教材内容的科学性及与鉴定考核细目以及题库的紧密衔接。

职业技术·职业资格培训教材突出了适应职业技能培训的特色，使读者通过学习与培训，不仅有助于通过鉴定考核，而且能够真正掌握本职业的核心技术与操作技能，从而实现从懂得了什么到会做什么的飞跃。

职业技术·职业资格培训教材立足于国家职业标准，也可为全国其他省市开展新职业、新技术职业培训和鉴定考核，以及高技能人才培养提供借鉴或参考。

新教材的编写是一项探索性工作，由于时间紧迫，不足之处在所难免，欢迎各使用单位及个人对教材提出宝贵意见和建议，以便教材修订时补充更正。

人力资源和社会保障部教材办公室
中国就业培训技术指导中心上海分中心
上海市职业技能鉴定中心

目录

CONTENTS

第1单元
中国化妆简史

1.1　中国化妆史概述

1.2　古代化妆的局部修饰

引导语

随着人类进入文明时代、自我修饰意识的出现，化妆从形式到内容也在不断地发生着变化，在不同的历史时期有延续、有传承，也都有不同的特点，一些古代的化妆方法和技术留传至今。虽然现今我们所知道的一些古代化妆知识和形象资料，仅是从各种古书典籍中查找得来，今日的化妆也有了诸多新的理念和表现方法，但是了解化妆简史将有助于理解、领略中国传统妆饰艺术的风采和内在文化；可以对化妆有更为清晰的深层认知；可以通过借鉴古人在化妆方面的成就，丰富当今生活领域化妆的内容，从而激发创作灵感，塑造出属于一个时代的新的精神与新的艺术作品。

美是离不开历史积淀的，审美取向的变革在任何时候都与历史有着千丝万缕的联系。学习、分析、借鉴历史是每个化妆师不可忽视的课题，在此单元的学习中，并不是局限于对传统化妆史的死记硬背，应该在关注化妆历史演进与变化的同时，总结其含有的中国元素与美的规律，并从多角度广泛吸取和解读传统妆饰美的意蕴，以传统为根基、以现在为视点、以未来为探索，对传统化妆史中的精华进行新的阐释。所以，如何借助昔日的时尚文化表达当今的时尚精神，发展传统又追求变化，是值得大家思考的问题。

1.1 中国化妆史概述

1.1.1 化妆的起源

在还没有“化妆”这个术语时，我们的祖先就已经在身体上涂抹各种颜色。我国现存最早的一批远古面妆文物，有的面部有不同方向的规则花纹，有的面部仅几笔简单的描画，有的面部则全部涂黑。这应是绘面（或文面）的具体写照，也可以说是我国最初的化妆。

原始人为什么要用人为手段来涂抹，甚至用文面、穿耳、穿鼻等手段来改变自己的容颜？又为什么要用各种各样的物件妆饰自己呢？

学术界有许多学说：

驱虫说，即在脸上和身上涂抹颜料或泥浆，是为了防止蚊虫的叮咬。

狩猎说，即原始人在脸上、身上画上兽皮花纹，在头上插羽毛或戴鹿角以伪装人体，是为了更有效地猎获动物。

巫术说，即原始人把某种动物或植物作为本族的图腾加以佩戴或装饰，希望得到神灵保护。

性吸引说，青年男子通过佩戴兽牙犬齿，以显示自己的英勇果敢或力大无比，从而在气势上战胜部落中的其他男性，吸引心爱的异性的青睐，或是为了谋取支配地位（往往作为神的代言人）准备条件。

原始社会的发式比之化妆来说更显得丰富多彩。从出土文物来看，断发、披发、束发、辫发，可谓样样俱全。并且还有各式各样制作精美的发饰，如骨笄、束发器、玉冠饰、象牙梳等。让人很难想象在当时没有任何先进工具的情况下，这些饰物是怎样制作出来的。

1.1.2 化妆的演变

1. 夏商周时期

就化妆来说，大体上是以刚健素朴、自然清丽、不着雕饰的女性为美。

周代可以说开辟了中国化妆史一个崭新的纪元。从某种意义上来说，中国化妆史从这一时期才算真正开始。除了文身习俗依然有所沿袭之外，眉妆、唇妆、面妆及一系列的化妆品，诸如妆粉、面脂、唇脂、香泽、眉黛等都已出现，均可在文献中找到明确的记载。总体来说，周代的化妆风格属于比较素雅的，以粉白黛黑的素妆为主，而并不盛行红妆。因此，也可以称这个时代是“素妆时代”。

除了粉与黛之外，周代的化妆品还有“脂”与“泽”。“脂”就是动物体内或油料植物种子内的油质，并不是后来出现的红色的胭脂。脂有唇脂和面脂之分。当时已有染唇之俗，唇脂若今日之口红，专用以涂唇。用以涂面的为面脂，此时的面脂无色，主要为防寒润面而用。后来脂常常与“粉”字一起使用，渐渐形成了一个固定称谓——脂粉。“泽”指的是一种涂发的香膏。另外，当时人们洗发用的是淘米水，利用其中的碱性成分脱去发垢，洗好以后再施以膏泽。

周代，产生了完备的冠服制度，发式也有了定制。《礼记》中明确规定“男子二十而冠，女子十五而笄”。因此，束发梳髻成了古代中国最为普遍的一种发式，从此在中国延续了数千年。

《楚辞·大招》中对舞女的唇色（朱唇）、眉色（黛黑、青色）、眉形（蛾眉、曲眉、直眉）、面色（粉白、朱颜）及涂发的香膏（芳泽）等都作了生动的描绘。而宋玉在《登徒子好色赋》中描绘了当时楚地良家美女的形象。楚地当时已有着粉、施朱的习俗是确凿无疑的。周代美女已有点唇的习惯。

2. 秦汉时期

史书有关秦代的服饰妆扮记载很少，不过汉代保留继承了很多秦代遗制。两汉时期，化妆习俗得到很大发展，妇女更加注重容颜装饰。

（1）妆粉

1）铅粉。秦汉时的妆粉除了米粉之外，还发明了糊状铅粉用以化妆。

铅粉通常以铅、锡等材料为之，经化学处理后转化为粉。铅粉的形态有固体及糊状两种。固体者常被加工成瓦当形及银锭形，称“瓦粉”或“定（锭）粉”；糊状者则俗称“胡（糊）粉”或“水粉”。

2）红粉。敷粉，是化妆的第一个步骤。从秦代开始，女子便不再以周代的素妆为美了，流行起了“红妆”，即不仅敷粉，还要施朱。敷粉亦并不以白粉为满足，又染红，成了“红粉”。红粉与白粉同属粉类，色彩疏淡，使用时通常作为打底、抹面。由于粉类化妆品难以沾于脸颊，不宜久存，所以当人流汗或流泪时，红粉会随之而下。

（2）胭脂。古代制作胭脂的主要原料为红蓝花。红蓝花亦称“黄蓝”“红花”，是从匈奴传入我国的。胭脂属油脂类，黏性强，擦之则浸入皮层，不易消退。因此，化妆时一般在浅红的红粉打底的基础上，再在颧骨处抹上少许胭脂，从而不易随泪水流落或消退。

（3）朱砂。朱砂的主要成分是硫化汞，并含少量氧化铁、黏土等杂质，可以研磨成粉状，作面妆之用。它是一种红色矿物质颜料，也叫丹，具有鲜艳色彩效果。

（4）墨丹。中国人很早就发现了“石墨”这种矿物质，但古人却叫做“墨丹”，古时凡粉质的颜料都叫做“丹”，不专指红色的丹而言，故黑色的颜料也叫做“墨丹”。因其质浮理腻，可施于眉，故后又有“画眉石”的雅号。在没有发明烟墨之前，男子用它来写字，女子则用它来画眉（称石黛）。石黛用时要放在专门的黛砚上磨碾成粉，然后加水调和，涂到眉毛上。后来有了加工后的黛块，可以直接兑水使用。

（5）唇脂。点唇最早起源于先秦，到汉代成为习俗。点染朱唇是面妆的又一个重要步骤。因唇脂的颜色具有较强的覆盖力，故可改变唇形。“唇脂，以丹作之。”古人在丹即朱砂中加适量动物脂膏，起到防水的作用，并增加色泽，且能防止口唇皲裂，成为一种理想的化妆用品。

3. 魏晋南北朝时期

整体而言，妇女的化妆技巧渐趋成熟，呈现多样化的倾向，用色大胆，以瘦为美。

（1）白妆。即以白粉敷面，两颊不施胭脂，多见于宫女所饰。这种妆式多追求一种素雅之美，颇似先秦时的素妆。

（2）额黄。额黄是一种古老的面饰，也称“鹅黄”“鸦黄”“约黄”“贴黄”“宫黄”等。因为是以黄色颜料染画于额间而得名。染画，是用画笔蘸黄色的染料涂满额头或涂一半，后用清水晕染。

（3）斜红。斜红是面颊上的一种妆饰，有的形如月牙，有的状似伤痕。色泽鲜红，分列于面颊两侧、鬓眉之间。

相关链接

相传三国时魏文帝对一名宫女十分宠爱。某夜，文帝在灯下读书，四周围有水晶制成的屏风。宫女不觉一头撞上屏风，顿时鲜血直流，愈后留下两道伤痕，就像晓霞将散时的美景。文帝对之宠爱如昔，取名曰“晓霞妆”。其他宫女见状仿效之。久而久之，就演变成了唐朝时期特殊的面妆——斜红，是唐代妇女面颊盛行的妆饰。

（4）花钿。一般多特指饰于眉间额上的妆饰（也泛指面部妆饰），也称“额花”“眉间俏”“花子”等。在秦始皇时便已有贴花子的妆饰法了，只是那时的式样及颜色比较简单。六朝时特别盛行一种梅花形的花钿，称为“梅花妆”。

相关链接

相传南朝宋武帝之女寿阳公主，仰卧于殿下，一旁的梅树被微风吹落一朵梅花，正落在公主额上，额中被染成花瓣状，且久洗不掉。宫中其他女子见其新颖而娇艳，竞相效仿，剪梅花贴于额间。后渐渐由宫廷传至民间，成为时尚，故又有“寿阳妆”之称。

4. 隋唐五代时期

隋代妇女妆扮较朴素，妆饰没有多变的式样，而是崇尚简约之美。

唐朝国势强盛，经济繁荣。与外族交往甚盛，妇女妆饰有不少受外域影响，追求时髦，崇尚怪异新奇之风，以珠圆玉润、丰满为美，表现富丽华贵的整体妆饰风格，具有强烈的时代特点。古人诗句中有不少相关描写，如“敷粉贵重重，施朱怜冉冉”“脸上金霞细，眉间翠钿深”“红铅拂脸细腰人”等，都生动反映了唐代妇女十分讲究妆扮，或敷有铅粉，或抹以胭脂，或饰有花钿，脸部化妆可谓多姿多彩，变化多端。当时，化妆技术也发展到了前所未有的巅峰。比起现在流行的人体彩绘、指甲彩绘，唐朝妇女可是毫不逊色。

大致可将唐朝妇女的脸部化妆顺序分为敷铅粉、抹胭脂、画黛眉、贴花钿、点面靥、描斜红、涂唇脂（见图 1-1）。

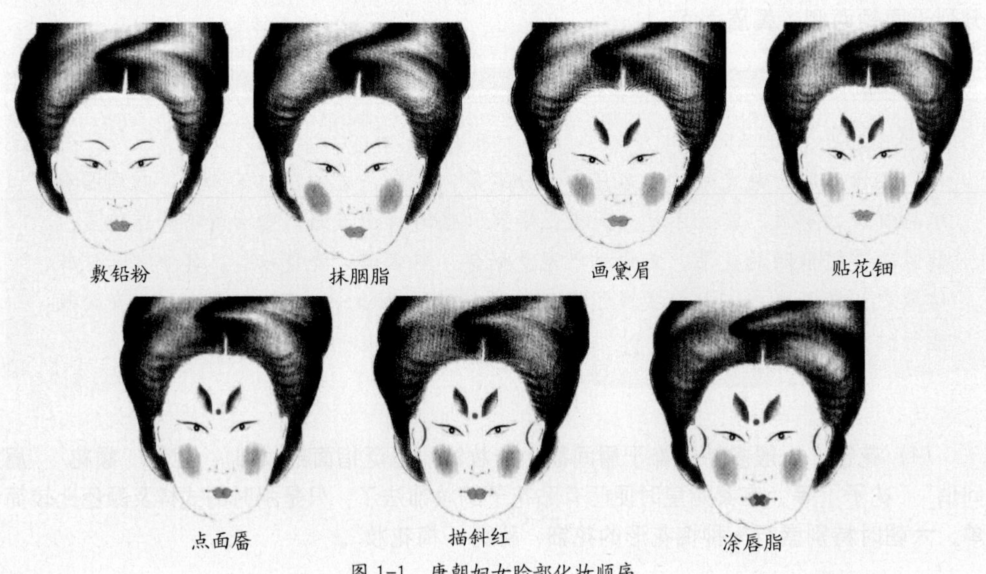

图 1-1 唐朝妇女脸部化妆顺序

（1）红妆（见图1–2）。由于唐朝是一个特别崇尚富丽的朝代，因此，浓艳的"红妆"是当时最为流行的面妆。妇女不分贵贱，均喜敷之。唐朝妇女的红妆，实物资料非常之多，颜色深浅、范围大小变化多样，有的染在双颊，有的满面涂红，有的兼晕眉眼。加上发型和服饰的多姿，更显华丽妩媚。

图1–2 唐朝妇女"红妆"

（2）面靥。面靥又称妆靥。靥指面颊上的酒窝，因此面靥一般指古代妇女施于两侧酒窝处的一种妆饰，通常以胭脂点染。盛唐以前画如黄豆般两圆点，以后式样更丰富，形如钱币称"钱点"，形如桃杏称"杏靥"，形如花卉称"花靥"等。晚唐又增加了鸟兽图形，甚至贴满脸。

（3）眉式。唐朝是一个开放浪漫、博采众长的盛世朝代。仅在眉妆这一细节上，便一扫长眉一统天下的局面，各种变幻莫测、造型各异的眉形纷纷涌现，且各个时期都有其独特的时世妆，开辟了中国历史上，乃至世界历史上眉式造型最为丰富的辉煌时代。唐朝先后流行的眉式有十五六种或更多。

（4）花钿（见图1–3）。花钿妆饰法在唐朝妇女中广泛流行，式样多变且花哨，颜色也更艳丽。通常用呵胶粘于额头眉心处，也有直接画于脸面上的。大多以彩色光纸、云母片、昆虫翅膀、鱼骨、鱼鳔、丝绸、金箔等为原料，制成圆形、三叶形、菱形、桃形、铜钱形、双叉形、梅花形、鸟形、雀羽斑形等诸种形状，十分精美，色彩斑斓，大致可分金黄、翠绿、艳红三类。

图 1-3 唐朝花钿式样

5. 宋辽金元时期

(1) 宋朝。宋朝女子妆扮倾向淡雅幽柔，朴实自然。面部妆扮虽也有不少变化，但不像唐朝般浓艳华丽。当然，擦白抹红还是脸部装扮的基本要素，红妆仍是重要的一环。妇女画眉不用黛而用墨，画眉方法仍承袭前朝。花钿妆也广受宋朝妇女喜爱，还特别喜欢穿耳孔戴耳饰。

(2) 辽金元。辽金元时期由于统治者都是游牧民族，在入主中原之前长期转居在边塞，妆扮非常简朴，逐渐汉化后，才较讲究，追求华丽。

1) 辽代妇女以金色的黄粉涂面，称为“佛妆”。

2) 金代妇女有在眉心妆饰花钿作“花钿妆”妆扮的习惯。

3) 元代妇女也喜在额部涂黄粉，还喜好在额间点痣。眉式都画成“一”字形，细如直线。配上小嘴，整齐又简洁。在蒙古族妇女头饰中，最具特色的是“姑姑冠”，这是有爵位的贵妇才能戴的（见图 1-4）。

图 1-4 元代贵妇的妆扮

6. 明清时期

敷粉施朱永远是女人的最爱，明清两代也不例外。从传世的画作来看，明清妇女的红妆大多属薄施朱粉，轻淡雅致，与宋元颇为相似（见图 1-5）。

除了前代的妆粉外，明清妇女又创造了很多新型的妆粉。珍珠粉，明代妇女喜用一种由紫茉莉的花种提炼的妆粉，多用于春夏之季。玉簪粉，是一种以玉簪花和胡粉制成的妆粉，多用于秋冬之季。珠粉（宫粉），清代妇女喜爱用珍珠为原料加工制作的妆粉，称为“珠粉”。

明朝妇女仍是涂脂抹粉的红妆，但不同于前朝妆扮的华丽及多变。妆扮偏向秀美、

图 1-5　明清妇女的秀美妆扮

清丽、端庄的造型。素白洁净的脸，纤细略弯的眉，细长的眼，薄薄的唇，脸上别有一番素净优雅的风韵。

清朝妇女多崇尚秀美型打扮，弯眉细眼，薄小嘴唇。清后期一些特殊阶层妇女流行作满族盛装打扮，脸部也作浓妆，"面额涂脂粉，眉加重黛，两颊圆点两饼胭脂"。清朝末年女子改变了作浓妆的风气，使盛行了两千多年的红妆习俗告一段落。

到了民国初期，女性在化妆方式上继续延续着晚清的审美喜好。脸庞清秀、眉眼细长、嘴唇薄小。在眉妆上，基本仍是承明清一脉，喜爱描纤细、弯曲的长蛾眉，多为把真实的眉毛拔去之后再画，一般是眉头较高，然后往两端渐渐向下拉长拉细。眼睛基本没有描绘，嘴唇仍喜好薄薄的小嘴，脸颊多施粉嫩的胭脂。后来随着西风渐起，人们受到了新式的教育，逐渐对美的标准有了新的看法和思考，慢慢开始抛弃封建社会的遗韵。当中国的国门被列强强行打开后，中国的传统审美观念更是受到了前所未有的强烈冲击。欧风美雨的洗礼、商业文明的推动，很快使民国女性改头换面，形象上逐渐呈现出一派百花齐放、欣欣向荣的新时代气息。新的发型、新的妆面，结合着充分表现女性形体曲线美的新式改良旗袍、丝袜、高跟鞋，展现了当时新女性的一种高雅、开放、快节奏的生活方式，也掀开了中国女性妆饰史上崭新的一页。

1.2　古代化妆的局部修饰

1.2.1　眉的修饰

画眉始于战国时期。《楚辞·大招》中便有"粉白黛黑"，说明当时已有用黛画眉之俗。“蛾眉”是当时非常流行的眉妆。当时妇女将原来的眉刮掉，以“黛”画眉。

到了汉代，画眉已相当盛行，一般流行纤细修长眉形，也一度出现画阔眉。

魏晋时期，妇女画眉基本沿袭汉朝风尚，仍主要画长眉，并流行眉头相连的细长眉。在此时期，眉的修饰还用黄色颜料施于眉角以作黄眉。

唐朝画眉风气达到高潮。眉形千变万化，画眉以黛及烟墨为主。初唐流行浓而阔长的眉形。开元、天宝期间，流行纤细修长的眉形，盛唐末期流行短阔眉。唐玄宗令画师设计的数十种眉形有鸳鸯眉（又名八字眉）、小山眉（又名远山眉）、五岳眉、三峰眉、垂珠眉、月棱眉（又名却月眉）、分梢眉、涵烟眉、拂云眉（又名横烟眉）、倒晕眉（见图 1-6）。

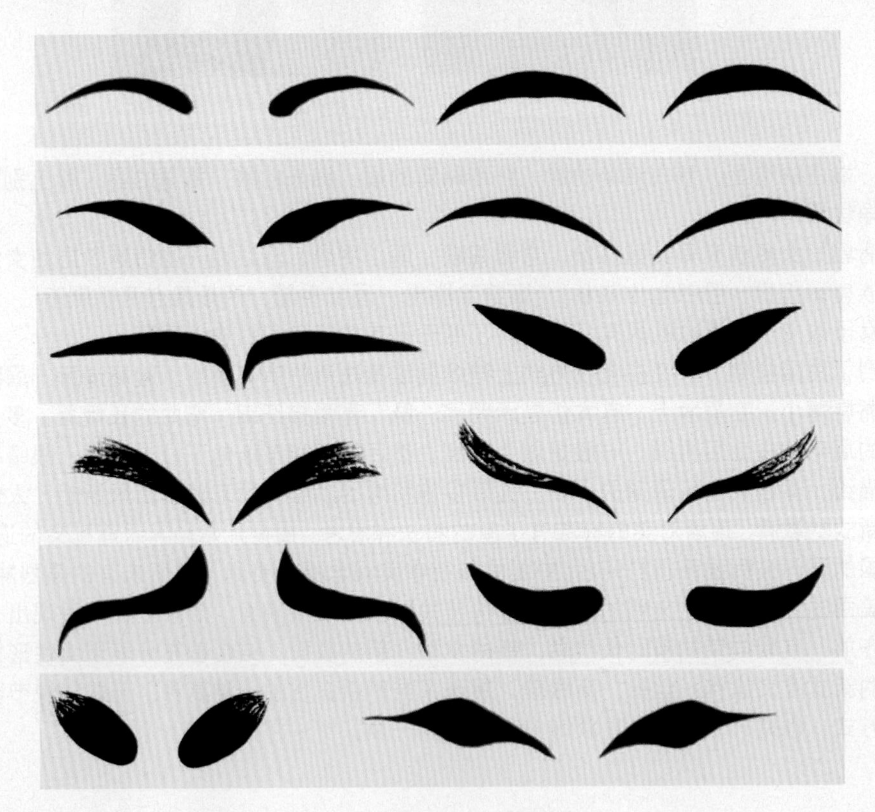

图 1-6　唐朝妇女流行的眉式图

宋朝妇女用墨画眉，方法承袭前朝。

元代妇女流行细长的“一字眉”。

明代所画眉形大多纤细弯曲，只是有一些长短深浅之类的变化，特别能够衬托出女性的柔美与妩媚。

清代女性的曲眉颇有特色，均为眉头高而眉尾低，眉身修长纤细，一副低眉顺眼、楚楚娇人之状。

1.2.2 眼的修饰

中国古代女子对画眉和涂胭脂是情有独钟的，而对眼睛的修饰却很少，这一点与现代的妆饰有很大不同。在文学作品中歌咏美目，也均是很含蓄地歌咏其美丽与含情，而绝少提到描画之事。如"巧笑倩兮，美目盼兮""青色直眉，美目媔只""两弯似蹙非蹙笼烟眉，一双似喜非喜含情目"等。

以下介绍古代女子对眼的简单修饰方法。

1. 勾画上眼线

我们在欣赏历代仕女图时，也多少可看出些勾画的痕迹，但大多是勾画上眼线，使眼睛显得细而长，有的甚至延长到鬓发处。

2. 勾画泪妆眼线

除了勾画上眼线外，另有一些面妆与眼部有关。如流行于东汉的泪妆，是以白粉抹颊或点染眼角，如啼泣之状。

1.2.3 唇的刻画

与现代一样，点染朱唇是古代女子面妆的又一个重要步骤。

因唇脂的颜色具有较强的覆盖力，故可改变唇形。中国古代女子点唇的样式一般以娇小浓艳为美，俗称"樱桃小口"。为此，她们在妆饰时常常连嘴唇一起敷成白色，然后以唇脂重新点画唇形。唇厚者可以画薄，口大者可以描小，这和现代女性修饰唇形的方法是相同的。描画的唇形自汉至清，变化不下数十种（见图1–7）。

早在商周时期，中国就出现了崇尚妇女唇美的妆饰习俗。魏晋时期唇形以小巧秀美为好。唐代点唇样式更可谓丰富多样。

唐代，除妇女使用口脂外，男子也可用之。不过两种口脂名同实异。男子使用的口脂一般不含颜色，是一种透明的用动物脂肪制成的防裂唇膏。

唐代除了使用朱砂和胭脂的本色表现唇色浓淡外，还喜用檀色。妆唇的形状更是千奇百怪，但总体来说依然是以娇小浓艳的樱桃小口为时尚。晚唐时期流行的唇形样式最多，唇形多以颜色和形状命名，如石榴娇、大红春、小红春、嫩吴香、半边娇、万金红、

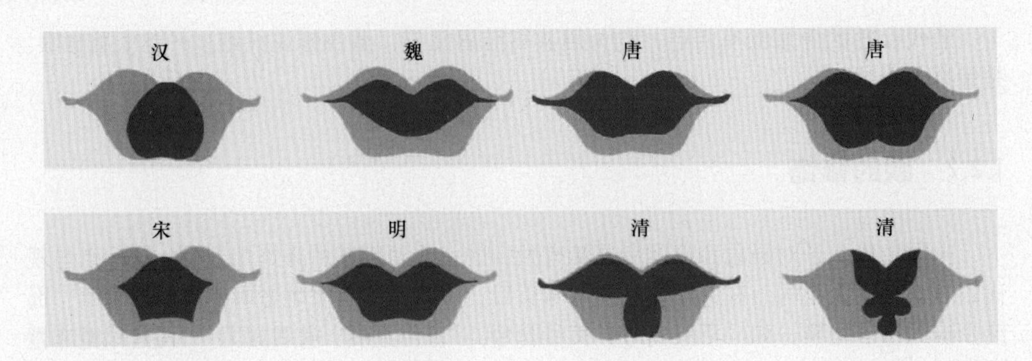

图 1-7　历代妇女点唇样式

圣檀心、露珠儿、内家圆、天宫巧、洛儿殷、淡红心、猩猩晕、小朱龙、格双唐、媚花奴等。从这众多的名称便可看出唐朝时点唇样式的不拘一格。

明至清初，妇女点唇多承袭旧制，仍以樱桃小口为美。

清代的唇式除了樱桃小口之外，还出现了一种非常有代表性的唇式，即上唇涂满口红，而下唇仅在中间点上一点。这种唇式在清代许多嫔妃的传世相片中可以看到，这在当时宫廷中是非常流行的。另外还出现了只点下唇的唇式，颇为新颖。到了晚清，由于受外来文化的影响，妇女中也有与现代女子一样，依照唇形涂满整个嘴唇的。从此，"樱桃小口"一点点的唇式在中国的点唇妆史上开始逐渐退出历史舞台。

1.2.4　妆型特色

上文有所提及，在面妆方面，以"粉白"为美，就是用白粉敷面，用青黛画眉。粉的发现和应用在周代之前便应该有了。当时的"粉"究竟是什么粉呢？大概在汉以前，春秋战国之际，古人是用米粉敷面的。在周代，当时"施朱"之朱当是红粉，与白粉同属粉类，可能是用茜草一类植物浸染过的红色米粉，色彩疏淡，通常也作为打底、抹面之用，可取得白里泛红的"朱颜"效果，与油脂类的胭脂不属同类。

1. 薄妆

宋元妇女的面妆大多摒弃了唐朝那种浓艳的红妆和各种另类的时世妆与胡妆，而多为一种素雅、浅淡的妆饰，称为"薄妆""淡妆"或"素妆"。宋元的女子虽然也施朱粉，但大多是施以浅朱，只透微红。

2. 酒晕妆、桃花妆、飞霞妆

曾流行于南北朝的先敷粉后施朱的妆扮，色浓的称“酒晕妆”，色浅的称“桃花妆”。若先施浅朱，后以白粉盖之，呈浅红色的叫“飞霞妆”。

3. 北苑妆

南朝出现的“北苑妆”，是在淡妆的基础上，将大小、形态各异的茶油花籽贴在额头上。

4. 慵来妆

汉代便已有薄施朱粉，浅画双眉，鬓发蓬松而卷曲，给人以慵困、倦怠之感的“慵来妆”。

5. 啼眉妆

唐朝元和、长庆年间，流行八字眉，配上乌膏涂唇就是“啼眉妆”。

6. 白妆、赭面

唐朝妇女脸部涂白粉称为“白妆”，涂红褐色称为“赭面”。

7. 三白妆

唐末五代时妇女在额、鼻、下巴处涂白粉，形成的特殊妆饰叫“三白妆”。

8. 檀晕妆

以浅赭色薄染眉下，四周均呈晕状的一种面妆称为“檀晕妆”，唐宋两代都很流行。这种面妆是先以铅粉打底，再敷以檀粉（即把铅粉与胭脂调和在一起），面颊中部微红，逐渐向四周晕开，是一种非常素雅的妆饰。这种面妆到明代便已经失传了。

9. 佛妆

辽代契丹族妇女有一种非常奇特的面妆，称为“佛妆”。这是一种以栝楼（亦称瓜蒌）等黄色粉末涂染于颊的化妆方法，经久不洗，既可护肤，又可作为妆饰，多施于冬季。因观之如金佛之面，故称为“佛妆”。

10. 黑妆

明清时期的“黑妆”是一种以木炭研成灰末涂染于颊上为装饰的面妆，据传是由古时黛眉妆演变而来。

单元小结

从古至今，女为悦己者容。在化妆方面，中国古代妇女采用的样式可谓多姿多彩，当然历代化妆的特色有演变也有沿袭。有时某个妆型或局部装饰方法会沿用很久，有时则会推陈出新，形成完全不同的化妆形式。

从涂脂抹粉、修眉饰黛、点脂画唇、用各色花籽贴于面额部，到各种特色妆型的产生，都有其时代性原因。纵观我国悠久的历史，每一个朝代因为社会背景、政治经济制度、文化习俗、礼教观念等的差异，对美的标准也都各有不同，汉以朴实为美，唐以华丽为美，宋以内敛为美，明以清秀为美，环肥燕瘦，美或不美，都应从多方面具体分析。

职业技能鉴定要点

行为领域	鉴定范围	鉴定点	重要程度
理论准备	中国化妆史概述	化妆的起源	★
		化妆的演变	★
	古代化妆的局部修饰	眉的修饰	★
		眼的修饰	★
		唇的刻画	★
		妆型特色	★

单元测试题

简答题

1. 解释何谓“花钿”“面靥”。
2. 解释何谓“斜红”“额黄”。
3. 解释何谓“妆粉”“朱砂”“墨丹”。
4. 解释何谓“薄妆”。

5. 解释何谓“北苑妆”。
6. 解释何谓“佛妆”。
7. 解释何谓“黑妆”。
8. 简述“酒晕妆”“桃花妆”“飞霞妆”的区别。
9. 简述唐朝妇女的化妆顺序。
10. 简述元明清时期女子眉形的差异。

第2单元 生活化妆基本常识与技法

引导语

生活化妆是指在生活中，以个人基本容貌条件为基础，正确运用化妆工具和化妆品，通过一定化妆技术手段和方法的处理，对人的容貌进行暂时性的适当美化和修饰，从而达到加强优点、弥补不足的目的，以适合各种生活环境的一种化妆方式。

生活化妆不同于演艺化妆，其含义包括三个方面：

第一，以塑造形象的匀称、和谐、统一的美为目的。

第二，以追求适合生活环境的真实性和生活化的修饰美为准则。

第三，以美化容貌优点和弥补缺陷的化妆技法为手段。

本单元主要介绍了生活化妆的常用材料和工具、基本审美依据、化妆步骤等基础理论常识和常用表现技法。

2.1 常用化妆品和工具的选择与使用

化妆品和工具是生活化妆的两项重要物质条件。化妆品和工具的选择是否得当，直接影响妆容的效果。因此，化妆师要了解化妆品和工具的种类、性质和作用，具备选择和鉴别妆容品和工具的能力，并能熟练使用，才能在化妆工作中运用自如、手到妆成。现在化妆品和工具总是不断出新，化妆师必须经常关注市场动态。

2.1.1 常用化妆品的分类、保存、鉴别

1. 常用化妆品的分类

常用化妆品类型繁多，就用途分类详见表 2–1。

表 2–1 化妆品按用途分类

类别	用　途
清洁类	主要用于清洁皮肤
护肤类	主要起滋润作用，保护皮肤健康
修饰类	用于修饰容貌，掩盖长相的不足，增加个人风采
护发类	用于清洁头发、保护发质
美发类	用于发型和发色的塑造
芳香类	具有芬芳的香气，可增添使用者的个人魅力
特殊类	具有半永久性、装饰性或治疗性的特点。改变人体局部状态，或促进容貌美，或消除容貌不足

2. 常用化妆品的保存与鉴别

（1）化妆品的携带和保管。要注意十防：防碎、防晒、防热、防潮、防冻、防污、防过期、防漏气、防倾斜、防混合。

（2）化妆品质量的鉴别。首先要注意出厂日期，是否有商品检验字号，并且确定产品是完整、未被拆封的。

特别提示:

建议一般超过三年的化妆品就不要再使用了。

化妆品一般可以从气味、颜色、形状、性能等方面来鉴别。

1）乳霜类（隔离霜、粉底液、遮瑕乳、修颜液）。观察包装是否密封，质地是否细腻润滑。使用时应该无结块、变味、变干、不易推匀等现象。

2）膏状类（粉底膏、粉条、口红等）。一般发出油污味就已变质。通常要质感滑顺、色彩鲜亮。使用时注意是否有水分流失、膏体干缩或稀释的现象。注意色彩是否变灰暗浑浊，是否出现深浅不均状况。

3）粉质类（蜜粉、眼影、腮红等）。观察是否受潮变霉，结块变硬，粉饼状看是否不易蘸起使用和有白灰色斑点。通常要粉细且紧密、易上妆、附着力好。

4）眼线液、睫毛膏、染眉膏。眼部用化妆品一般使用期不超过三个月，有变干、结块、变味现象就已变质。

5）笔状类（眉笔、眼线笔、口红笔等）。铅笔类的笔芯一旦变质，使用时不易上色，容易发生断裂，甚至削的时候也容易断裂，建议试用时，可在手背上来回轻轻地画，注意画出来的线条质感是否均匀顺滑。

2.1.2 修饰类化妆品的选择与使用

以下介绍的是化妆师常用的修饰类化妆品，也称粉饰化妆品，主要有粉底、蜜粉、腮红、眼影、眼线笔、眉笔、唇膏、睫毛膏等。

1. 粉底

粉底是用于化妆打底、修饰肌肤的化妆品，具有很强的修饰性，常用于调整肤色、改善肤质、遮盖皮肤瑕疵，以表现悦目的皮肤色泽和质地。粉底在皮肤上会形成一层粉性膜，可以遮盖皮肤上的瑕疵，统一不均匀的肤色，使皮肤表面平坦光滑。也可使其他彩妆品更易附着于脸部，让整个妆色更为亮丽服帖。

同时，又可用不同深浅的粉底调整面部轮廓和立体感，使脸显得更精致。也可用不同效果的粉底配合不同的妆型，塑造各种风格的妆效。

粉底的主要成分是油脂、水和色粉。由于成分和添加色的不同，形成了很多种类的粉底。一般应依据人们不同的肤质、肤色及不同的季节、不同的妆型进行选择。专业化妆师选用粉底时一般要注意以下几点：质地细腻、附着力好、透气性强、持久性佳、延展性好、色号全、含铅量低、符合专业性要求。现在每年每个品牌都有新产品面世，作为专业化妆师应该不断熟悉市场，了解流行动态。这里介绍的只是粉底的基本种类（见图 2-1）。

图2-1　粉底

（1）按粉底的形态来分。粉底有多种类型，展现的皮肤效果也不一样。

1）粉饼。一般为盒装，主要成分是水和色粉，含少量油脂，呈块状固态粉状，多配有专用化妆海绵。粉饼使用简单，携带方便，直接上妆、定妆或补妆都适用，特别适合个人选用。优良品质的粉饼粉质细滑而无杂质，对皮肤有较好的黏合力，不易脱妆；香味柔和，无刺激性，坚固而不易变碎；取用容易，不起粉末。

目前市场上常见的两类粉饼的对比见表 2-2。

表2-2　常见的两类粉饼的对比

项目 \ 类型	干粉饼	干湿两用粉饼
使用效果	使用后，皮肤干爽细腻，自然透明，肤色均匀，美化毛孔，但遮盖力差、易脱妆	使用后，皮肤自然细腻，遮盖力较好，干用柔和方便，蘸水使用滋润透明，不易脱妆
适用对象	油性皮肤者，夏季化妆，简易生活妆，补妆，定妆	任何肤质，四季适用，日常生活妆，补妆
使用方法	用干海绵或粉扑直接涂抹，或用大粉刷直接刷	既可用和干粉饼相同的方法，也可用微湿海绵涂抹

2）粉底液。水分较多，呈半液态状。便于涂抹，最易上妆，用后皮肤真实、光滑亮丽，呈现清透、自然、健康的光泽。可用手直接涂抹，也可用海绵蘸涂。不同产品有不同效果。

目前市场上常见粉底液的对比见表2-3。

表2-3　常见粉底液的对比

项目＼类型	滋润型	亚光型	不脱色型
使用效果	透明亮泽，提升皮肤质感，创造自然光泽	无光泽型，粉质感，有含蓄美	皮肤紧致，清爽感，不易脱妆
适用对象	中性、干性皮肤，皱纹明显的皮肤，秋冬季使用	中性、油性皮肤	油性皮肤，夏季使用
使用方法	用手或海绵均匀涂抹	用手或海绵均匀涂抹或拍按	用前摇匀，用手或海绵均匀拍按

3）粉底霜、粉底膏。霜状和膏状产品的油脂和色粉含量都偏高，有较强遮盖力和附着力。薄涂适用于淡妆，厚涂适用于浓妆。生活中皮肤多瑕疵，如有疤痕、黑斑、雀斑者也可用粉底霜和粉底膏将瑕疵盖住。由于质地较厚，要注意色彩与粉底的协调，避免形成虚假感。

目前市场上常见的两类粉底霜、粉底膏的对比见表2-4。

表2-4　常见的两类粉底霜、粉底膏的对比

项目＼类型	偏油质	偏粉质
使用效果	滋润而亮泽，有较强遮盖力和附着力	粉质感强，比前者遮盖力和附着力都强
适用对象	中性、干性皮肤	中性、油性皮肤
使用方法	用手或海绵均匀涂抹或拍按	用手或海绵均匀涂抹或拍按

4）粉条。质地接近粉底膏，呈条状，在所介绍的几种粉底中油脂和色粉含量较高，质感较厚，遮盖力强。适用于干性皮肤和冬季化妆使用，也常用于浓妆，特别是修饰脸廓和立体感效果最佳。

5）遮瑕膏。又称盖斑膏，成分与粉条相似，其遮盖力更强，主要用于局部遮盖，用来遮盖毛孔粗大、黑斑、雀斑、眼袋、黑眼圈、细纹等面部瑕疵。

市场上遮瑕产品有多种，遮盖力依据种类不同而有所不同，使用时要依据不同情况选择适合的产品（见图2-2）。遮瑕部位的涂抹量要恰当，否则会产生相反效果。可用

图 2-2　遮瑕膏

手指蘸取涂抹，也可用小号笔刷蘸涂。

小贴士

正在发炎或化脓的痘痘，不适用遮瑕膏，容易造成皮肤感染。

目前市场上常见的遮瑕产品见表 2-5。

表2-5　常见的遮瑕产品

项目＼类型	液状	霜状	棒状	笔状
使用效果	质地轻薄，容易渗入肌肤，遮饰效果自然，浅色也可加强皮肤亮度	较滋润，遮饰效果较强，浅色也可加强皮肤亮度	遮饰效果比霜状强，也可当提亮膏使用，携带方便	遮饰效果强，携带、使用方便
适用对象	修饰黑眼圈等面积较大部位。用于毛孔粗大部位及抚平细纹	黑眼圈等面积较大部位，面疱痕迹等较深的瑕疵	眼袋、黑斑、雀斑、痣、面疱痕迹等	黑斑、雀斑、痣、面疱痕迹等
使用方法	用手指轻轻拍涂或点涂	用手指、海绵轻轻拍涂或点涂	用手指、海绵或小号笔刷点涂	直接点涂

（2）按粉底的颜色分。粉底有很多种颜色，生活妆追求自然，诀窍在于粉底颜色的选择。生活中粉底的颜色和肤色接近为好，选择粉底的原则是与肤色相接近或略浅一号。过白的粉底会给人戴假面具的感觉，过深的粉底会使皮肤显得太暗。白种人适合粉红色基调粉底，黑种人适合红棕色基调粉底。亚洲人较不适合发红的粉底，一般象牙白或偏黄的粉底与亚洲人肤色基调更接近。除根据肤色选择粉底色，还要根据妆型的需要来选择粉底色。淡妆要选自然感的肤色，浓妆在选择粉底时随意性较强。另外，白天与晚上

场合不同，照明不同，粉底色的选用也应不同。自然光下的妆应选择比肤色稍深的粉底。

目前市场上常见的粉底色如下：

1）肤色系（见表2–6）。

表2–6 肤色系

类型 项目	米白色	嫩肉色	自然色	健康色	浅棕色	深棕色
适用对象	提亮色，使肤色更明亮，脸部更立体。遮黑眼圈及眼袋	女性基础肤色。营造皮肤粉嫩效果。也可作为深肤色的提亮色	女性基础肤色，表现自然柔和的真实肤色	小麦色，健康、时尚。可作为浅肤色女性日常淡妆的阴影色	男性基础色，女性肤色偏深者。也可作为自然肤色女性化妆的阴影色	阴影色，用于浓妆面部结构阴影的刻画，也可塑造厚重的深肤色

2）彩色系（见表2–7）。

表2–7 彩色系

类型 项目	粉红色	橘色	黄色	浅绿色	浅蓝色	紫色
适用对象	适用于抑制和遮盖苍白缺血皮肤，创造红润感	能制造古铜健康的肤色，也可以修正暗沉偏黑的肤色或发青的黑眼圈	适用于抑制和遮盖偏紫皮肤，或遮盖棕色的黑眼圈	适用于抑制和遮盖偏红皮肤，遮去红血丝，恢复肌肤的清爽感	适合肤色发黑及发黄者，用后肤色呈现健康的轻盈色泽	抑制和遮盖偏黄皮肤，使用后肤色亮泽、白里透红

（3）按粉底的性质分。主要有亲水性、亲油性和水溶性粉底，要根据皮肤特点选择合适的粉底（见表2–8）。

表2–8 按粉底的性质分类

类型 项目	亲水性粉底	亲油性粉底	水溶性粉底
使用效果	清爽，不易堵塞毛孔，但遮盖力较差	偏油，具有遮盖性，颜色、浓淡和质感容易调整	质地细腻，有吸水能力，不会堵塞毛孔，遮盖力差
适用对象	适合淡妆用，年轻女孩	适合浓妆及干性皮肤者	适合夏季及油性皮肤者

（4）按粉底的效果分。粉底的质感表现也是专业化妆师应掌握的必要技巧，尤其是流行风尚中修饰的重点。随着现代科学技术的发展，以及化妆品市场的不断扩大，针对

不同肤质、不同人群喜好而设计的粉底也越来越多，使粉底的材质也有了越来越多的选择。

目前市场上有添加珠光成分的粉底，可提升皮肤透明度、光泽度和光滑度。用于局部提亮，可强调轮廓的立体感。还有具有防晒功能的粉底，也颇受女性欢迎。

针对不同的妆型特点，可以选择相应的粉底质感，以表现更为生动的彩妆主题。不同质地粉底的表现形式见表2-9。

表2-9　不同质地粉底的表现形式

类型 项目	滋润质地	粉感质地	油亮质地	闪亮质地
使用效果	皮肤质地润泽平衡，给人自然健康感	皮肤紧致、清爽、不油腻，有丰富的粉质感效果，给人古典感	脸部皮肤泛出自然、透明、水嫩的光泽，有夏日感	皮肤有亮泽、细致、自然的珠光效果，给人轻盈、耀眼的时尚感
使用方法	常用滋润型粉底来表现	在常用滋润型粉底完妆后，加上大量亚光蜜粉均匀按压，或选择无光泽粉底	均匀薄涂粉底液后不定妆，或在粉底膏里加几滴婴儿油轻抹。也有的专业品牌粉底自身具有定妆效果	在滋润型粉底完妆后，在眼睛下方、T区、眉梢下方等部位加含珠光粉的蜜粉。直接使用亮粉闪亮效果更强烈。也有的专业品牌粉底自身具有珠光效果

2. 蜜粉

蜜粉也称散粉或定妆粉，为颗粒细致的粉末，具有吸汗和吸油脂功能。使用目的是固定妆面、防止脱妆、减少妆后的油光感、增强化妆品的吸附力、方便彩妆上色，并可缓和过浓的妆色，使晕染的色调柔美。目前市场上有透明、肤色、彩色和荧光蜜粉（见图2-3）。

图2-3　蜜粉

选择蜜粉时注意：一般选与粉底色接近的色系，原则上不可太白。同时要观察粉质的细腻度、滑顺度、附着性是否良好。使用时主要用粉扑按于皮肤，再用粉刷将浮粉扫去，或用大粉刷刷匀。干性皮肤或多皱纹者最好少用蜜粉，以免皱纹明显。

目前市场上常见的蜜粉见表2-10。

表2-10　常见的蜜粉

项目＼类型	透明蜜粉	肤色蜜粉	彩色蜜粉	荧光蜜粉
使用效果	维持粉底原色，增加皮肤透明度，使肤色自然顺滑，肤质细致	加强粉底色，略有遮瑕效果，深色适合男妆用，也用于女性阴影部定妆	和有色粉底一样有修正、调整肤色的作用	使妆容有亮丽的珠光效果，华丽又不失青春、光彩感，有时尚气息
适用对象	较写实的妆，如电视妆、生活妆、摄影妆	用于同色粉底的定妆，补充底色的不足	粉底修饰完仍需用浅黄、粉红、浅蓝、浅紫色等调整肤色，或搭配调色使用	用于新娘妆、晚宴妆、歌舞妆、模特妆

3．腮红

腮红（见图2-4）也称胭脂、面红等，用于脸颊化妆，主要有改善肤色、修正脸形、呼应妆面的效果，还可以适度掩盖脸颊上的色斑。

图2-4　腮红

腮红有粉状、膏状和液状，颜色繁多，生活中腮红的颜色应与肤色、口红、眼影相协调。选择质地细腻、色泽纯正、上色性好、易晕染的为佳。粉状腮红要注意附着力，膏状腮红要注意推展性。使用时依据不同妆型和脸形修饰在脸颊不同部位。

目前市场上常见的腮红见表 2-11。

表2-11 常见的腮红

类型 项目	粉状	膏状	液状
使用效果	质地轻薄，使用简便，易上色，与膏状配合使用色彩固定性较好，使脸更立体	油性，附着力好，延展性好，易与肤色衔接，制造出油亮妆效	水状腮红，含油量少或不含油，质感薄，快干，服帖
适用对象	油性皮肤者，现在较常用于各种妆型	皮肤偏干者，浓妆，影视妆，冬季妆。也可当口红用	皮肤偏油者
使用方法	腮红刷涂染，定妆后用	细孔海绵或手指涂抹，定妆前用	细孔海绵或手指涂抹，定妆前用。要小心控制涂抹范围

4. 眼影

眼影用于眼部的化妆修饰，主要有装饰、调整眼形，改善和强调立体感的作用（见图 2-5）。

图 2-5 眼影

眼影种类较多，有眼影粉、眼影笔和眼影膏等，选择时主要以肤质和季节为依据。

眼影的颜色五彩缤纷，绚烂多彩，有的还加入了适量的金属微粒，有珠光效果。总体上归纳为三大类：影色、明色、装饰色。

眼影色的选择要考虑肤色、服装、妆型等因素，还要注意眼影的品质将直接影响妆面效果，选择时一定要注意附着力要强、延展性要佳、颜色要正，也就是颜色的维持性要好，同时要能容易均匀上色。

(1) 按形态分类。按形态分，市场上大致有表 2-12 中的四大类眼影。

表2-12 眼影形态分类表

项目＼类型	粉状	笔状	液状	膏状
使用效果	有粉末状和眼影饼状。色彩丰富，使用方便，与膏状配合使用色彩固定性较好，使眼部更立体	质地软，清爽好用，有偏油和偏粉状两种，使用方便。但颜色不丰富	水状眼影，快干，服帖	色彩浓度高，色泽鲜亮，涂后有滋润光滑感，贴近皮肤，但颜色不丰富。不易干
适用对象	任何妆面，目前使用最普遍	较简单的生活妆	油性皮肤者	浓妆，皮肤较干者、眼部多皱纹者慎用
使用方法	定妆后，用眼影刷或眼影海绵棒晕染	定妆前直接涂抹，然后用手指或眼影海绵棒推匀。蜜粉定妆，防止脱落	定妆前用手指涂抹，要小心控制涂抹范围	定妆前用手指或眼影海绵棒晕染。蜜粉定妆，防止脱落

(2) 按效果分类。按效果分，市场上大致有表 2-13 中的三大类眼影。

表2-13 眼影效果分类表

项目＼类型	影色	明色	装饰色
使用效果	涂在希望显凹的部位，或者要显得狭窄的应该有阴影的部位，表现眼部的凹陷感，强调眼部立体感，有收缩效果	涂在希望显高、显宽的部位，表现眼部凸出部位，强调眼部立体感，使眼睛明亮有神	突出眼睛局部，吸引人们的注意力，起装饰作用。包含影色、明色
选用眼影	收敛色，一般是暗色系	突出色，米色、白色、浅珠光色、浅金、浅银等	强调色，可以是任何颜色，与服装、饰品、口红相配合

5. 眼线笔、眼线膏、眼线液

眼线笔、眼线膏、眼线液都属于修饰眼形、强调眼神的重要化妆品，都可用于描画眼线，使眼部轮廓更鲜明，或修饰调整眼睛的形状，使其更富神采（见图 2-6 和表 2-14）。

图 2-6 眼线笔、眼线膏、眼线液

表2-14 眼线笔、眼线膏、眼线液对比

项目＼类型	眼线笔	眼线膏	眼线液
使用效果	易描画，效果自然柔和，操作简便，但防水性差，易晕妆	蘸水用上色效果好，干后防水，刻画的眼线有浓淡虚实变化。不易损伤皮肤	上色效果好，线条清晰、较浓。不易脱妆，不易损伤皮肤。操作难度大，不便修改
适用对象	适合生活妆，还可作眉笔使用	适合专业化妆师用，蘸水用适合浓妆	适合操作熟练者，浓妆
使用方法	可削成鸭嘴状使用，沿睫毛根部直接描画	尖细笔刷蘸水溶解使用。可以通过色彩重叠或下笔力度来控制浓淡，整体表现以自然为主。在下笔前，先用刷蘸眼线粉，在手背上调色之后再画在眼睫处	用前先摇晃眼线液瓶，使液体均匀。在面纸上擦拭多余墨液，然后直接描画，手要稳，用力均匀。一旦液体沾到了睫毛上，要立刻擦掉，如沾在脸上，则要立即用湿布或纸巾轻轻拭去

眼线笔、眼线膏、眼线液以黑色、棕色、灰色为主。黑色：适合较深瞳孔色，或浓妆中使用。棕色：适合浅色瞳孔，或发色较淡的人使用，给人自然清爽感。灰色：适合褐色或冷色瞳孔，给人自然感。

还有白色、紫色、绿色、蓝色、金色等多彩系列，可搭配不同发色、眉色、睫毛色、瞳孔色、眼影色等，使眼妆更亮丽。选色要协调，要接近眉色、睫毛色、瞳孔色，再考虑眼影色或发色搭配。

特别提示：

选用眼线笔时要注意笔芯较软、描画时易上色、顺滑。选用眼线膏时注意描画时不掉渣，附着力要好。选用眼线液时要注意笔尖硬度适中，不分叉，注意选择干后不易起皮的为好。

6. 眉笔、眉粉、眉膏

眉笔、眉粉、眉膏都是用来描画修饰眉形的化妆品（见图 2-7 和表 2-15），可以加深眉色，增加眉毛立体感和生动感。可单独使用，也可混合使用。可根据发色、年龄、肤色和妆型等选择使用，一般选择与发色相近的颜色，会较自然、整体。更仔细的话可考虑眼部妆色、睫毛色、瞳孔色进行配合。

图 2-7　眉笔、眉粉、眉膏

表2-15　眉笔、眉粉、眉膏对比

类型 项目	眉笔	眉粉	眉膏
使用效果	使用方便。笔芯较硬，描绘线条流畅，清晰	柔和自然，可改变眉色。但单独使用易脱妆	涂染眉毛，改变色彩或固定方向，使其立体。透明色强调眉毛方向，棕色使眉柔和，黑色使眉清晰
适用对象	眉形欠佳者，也可代替眼线笔画眼线	眉形较好者，或确定基础眉形，与眉笔搭配使用	眉色需改变者，眉毛方向不整齐者
使用方法	铅笔式眉笔削成鸭嘴状，力度小而匀。旋转式眉笔有可换细笔芯，不用削	用扁斜短毛的眉刷蘸取均匀轻刷，用量不宜多，局部可用眉笔强调	螺旋状眉刷蘸取涂刷，或用彩色自然型睫毛膏

眉笔比较硬，选择易上色、顺手的为好。眉粉的粉质要紧，防止掉粉。眉膏质地要细腻、不能有颗粒。

常用的颜色有黑色、黑褐色、深灰色、棕色。黑色：适合眉稀疏者，让眉形明确。黑褐色：适合不常化妆的女性，显自然。深灰色：制造自然妆效。棕色：适合肤白发浅者，或棕色瞳孔者。同时，一般可用不同深浅的颜色相结合表现眉的自然层次感，使所描绘的眉毛生动真实。

现在还流行其他颜色。如红褐色、淡褐色、紫灰色等。一般用于有相近发色、妆色，有时尚眉形的女性，展示个性，流行感极佳。

7. 唇线笔

唇线笔主要用于调整修饰唇部轮廓，防止唇膏外溢。唇线笔的颜色丰富，要与唇膏统一色调，可略深于唇膏。唇线笔笔芯可软些，以免使皮肤受损，削成鸭嘴状使描画时线条整齐。使用时依所需唇形轮廓描画，线条整齐柔和。

8. 唇膏、唇彩

唇膏、唇彩是女性最重要的化妆品之一（见图 2-8）。用来调整修饰唇部造型、滋润嘴唇，并和妆面其他色彩相呼应，表现色彩。唇膏颜色多，生活中多选择红色系，以颜色纯正、安全无刺激、涂展均匀、固定性强为宜。唇彩较透明、润泽、有光彩，可在唇膏后使用，也可单独使用。使用时用唇刷涂于唇部，涂抹要均匀，厚薄适中。选择时还要考虑肤色、妆色、服饰色。

目前市场上常见唇膏、唇彩的对比见表 2-16。

图 2-8　唇膏、唇彩

表2-16　常见唇膏、唇彩的对比

项目＼类型	护唇膏	滋润型唇膏	珠光型唇膏	亚光型唇膏	唇彩
使用效果	增加嘴唇滋润度和光泽感，有无色透明和有色两种。可单独用或加在口红上，但易掉色	自然润泽，油分多，透明感和光泽度适中，但易掉色	兼具透明感和贝壳质感。现代、亮彩、绚丽	无透明感，粉质偏干，覆盖力强，着色匀称，油分少，不易掉色	比唇膏透明，有水润感。覆盖力较差，需经常补妆，用量过多易溢出
适用对象	多用于生活中。唇部干者护唇用，唇部原色鲜艳者用，配合唇膏增加光泽感	一般生活化妆常用	时尚妆、晚妆等	配合亚光型妆面，带妆时间长的场合	可直接涂于唇部，也可作为上光剂配合唇膏使用

9. 睫毛膏

睫毛膏专用于修饰睫毛，使其更浓密、更纤长、更亮泽、更有弹性，弥补睫毛过淡、过短、过细等不足（见图 2-9）。睫毛膏种类繁多，色彩丰富，可根据化妆需要和睫毛生长状况进行选择。通常睫毛膏的色彩和毛发色、瞳孔色相统一，或和眼部色彩相协调。一般东方人适用黑色、深灰色、棕色。使用时，用睫毛刷蘸取睫毛膏后，从睫毛根部向上、向外涂刷，待干后再眨眼以防弄脏眼部皮肤。

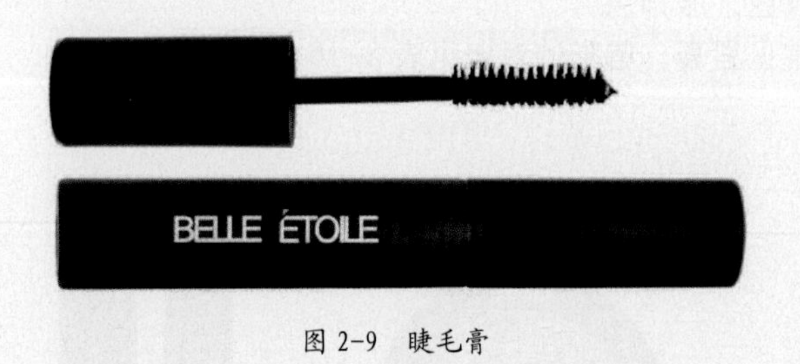

图 2-9　睫毛膏

按睫毛膏的功能，有两种分类，详见表 2-17、表 2-18。

表2-17 睫毛膏的功能分类表1

项目＼类型	自然型	浓密型	加长型	透明型
使用效果	清爽自然，不易晕妆。可增加睫毛自然卷翘度	固定、加浓、加密稀疏、色淡的睫毛，但易晕妆	睫毛端延长，制造纤长效果，不易晕妆，但睫毛易纠结，不够自然	无色，可维持睫毛的弹性和卷度，可增加睫毛自然光泽
适用对象	用睫毛膏易晕妆者或涂染下睫毛	睫毛不够浓密者，用于上睫毛	睫毛天生稀短者，用于上睫毛	天生睫毛长密者，无痕迹的化妆，也可固定睫毛方向
使用方法	睫毛膏取出后稍微干些使用，沾到皮肤上可以在干后用棉棒拭净	易晕开，可在未干前梳理，沾到皮肤上需立刻用棉棒拭净	睫毛易变硬，从根部刷起，梳整要当心，从根部挑开	睫毛未干时梳理，避免出现白色粉末

表2-18 睫毛膏的功能分类表2

项目＼类型	防水型	彩色型	闪亮型
使用效果	耐汗防水，不易晕妆，但溶于油	有各种不同色彩，如绿、白、蓝、紫、金、棕等	睫毛会带闪光颗粒，时尚、前卫感
适用对象	需长时间维持妆效者、易出汗者，或游泳时使用	展示色彩的化妆，配合眼部色彩	华丽妆型、时尚妆型，如模特妆、新娘妆、晚妆
使用方法	睫毛膏晕开，沾到皮肤上需用棉棒蘸卸妆液拭净	注意色彩的选择，从根部刷起，梳整要仔细	涂刷时要特别注意，避免闪光颗粒掉入眼中

2.1.3 常用化妆工具的选择与使用

合适的化妆工具与合适的化妆品一样至关重要，即使是最简单的工具，对于所要达到的化妆效果也是必不可少的。学习化妆的过程也是熟悉化妆工具的过程，有时候化妆工具的运用方式是灵活多变的。以下所列的化妆工具是专业化妆师必备的。化妆工具的研发日趋细致，化妆师可选择最适合自己使用的品牌。

1. 化妆海绵的选择与使用

化妆海绵（见图 2–10）的主要作用是涂抹粉底，可使粉底涂抹均匀，并使粉底与皮肤紧密结合。化妆海绵质地柔软而细密，有弹性，密度大，形状大小多样，可依据需要选择。多角形海绵能深入鼻翼等小地方，让粉底更均匀完美。一般粉质较厚的粉底，如霜状和膏状应选用粗孔海绵；粉质较稀的粉底，如液状应选择细孔海绵。

使用时使海绵湿润，保持微潮状，再蘸取粉底均匀涂于皮肤。每次化完妆后，要洗净晾干，放在干净的塑料袋或其他容器里。

2. 粉扑的选择与使用

粉扑（见图 2–10）主要用于涂拍定妆蜜粉。棉质为多，市面上的粉扑背部多附有一条细带或半圆形夹层，可以固定手指，最好选蓬松、轻柔、有一定厚度的为好。一般需备多个粉扑以供不同色系定妆粉的使用。粉扑蘸上粉后与另一个粉扑相互揉擦以使蜜粉均匀分布。同时，可用小拇指勾住粉扑以避免化妆师的手蹭掉化妆对象脸上的妆。用后要保持干爽洁净，使用一段时间后，可用温水和肥皂洗净，晾干备用。

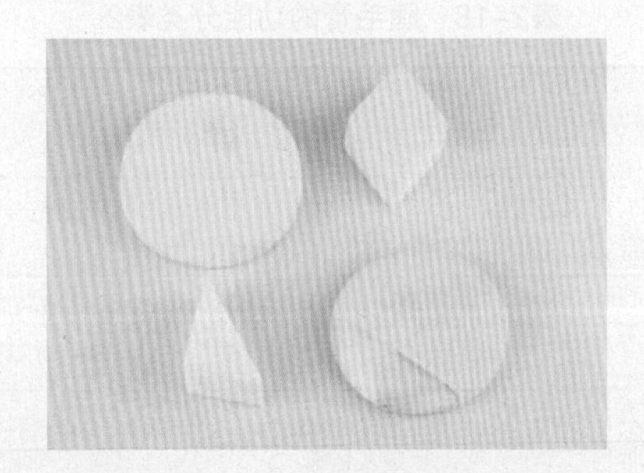

图2–10　化妆海绵和粉扑

3. 化妆刷的选择与使用

化妆刷（见图 2–11）常配成一套放在特制的皮套里，以做工精致、有弹性、不散开、不掉毛、毛质柔软、不刺激皮肤、化妆品易附着为好。用后要保持干净，使用一段时间后，可用温水和肥皂洗净，晾干备用，最好置备两套化妆刷轮流使用。

一般使用粉质化妆品，宜选松软的动物毛质，易达到自然、透明效果。若是液状、霜状或膏状质地化妆品适合选择合成毛刷，较易上妆。

图2-11 化妆刷

（1）粉刷。刷头外形饱满，蓬松，毛质细软，是化妆刷中最大的一种毛刷，多用于定妆时蘸取蜜粉及扫去浮粉。另一种刷头呈扇形，主要用于保持妆面洁净，如扫去多余散粉及掉落的眼影粉。使用时，在皮肤上轻扫，刷头不要呈垂直角度，以免刺激皮肤。

（2）腮红刷。外形比粉刷小，毛质粗细适中，毛量略厚，主要在刷饰粉状腮红时使用，有扁扇形和宽面圆弧形两种。一般常备两把，以区别腮红色。最佳选材为柔软的马毛。使用时，均匀蘸取腮红在皮肤上轻扫。

（3）修容刷。外形小于腮红刷，扁平状刷头使用最顺手。主要用于阴影色或提亮色的刷饰，使面部立体或调整脸形。注意涂刷深浅色的刷子要分开。

（4）眼影刷。眼部化妆工具，主要用于敷眼影，需多备几支，以利于各种颜色分开。毛质柔软有弹性，有尼龙和天然毛两种。蘸水式或油质眼影可用尼龙质地，粉质眼影以天然毛为佳。圆弧状的大眼影刷可用于大范围刷饰眼影，弧度小的尖头眼影刷可用于描画有角度的眼影，圆弧状或扁平状的小眼影刷可用于小范围刷饰眼影或修饰眉形。使用时在上下眼睑处轻扫。

（5）眼影棒。眼部化妆工具，多为椭圆形海绵头，分单头和双头两种，选海绵头密实的为好。涂抹粉质眼影不易掉色，也可作为清除部分化妆色用。此外，眼部完妆后，可用眼影棒调和过渡眼影色。使用时在上下眼睑处轻抹。

（6）斜角眉刷。描画眉毛的工具，扫头呈斜面状，毛质较硬、扁头短毛者为佳。用眉刷在画过的眉毛上轻扫，可均匀眉色；也可用眉刷蘸眉粉轻刷，以加深眉色，刷涂出合适的眉形。

（7）眼线刷。尖头刷，是供画细致的眼线使用的专用刷。以质感细致，笔梢纤细者较佳。使用时蘸眼线膏或深色眼影粉在睫毛根处描画。

（8）螺旋状眉刷。多为尼龙材质，螺旋状，用来刷匀眉毛或梳开被睫毛膏粘在一起的睫毛。

（9）眉梳和眉刷。两者合二为一制成一体的眼部化妆工具。用后可用消毒棉球擦拭消毒。

1）眉梳。眉梳梳齿细密，是梳理眉毛和睫毛的小梳子。在修眉时用眉梳先将眉毛梳理整齐，以便于修剪眉毛。或在涂睫毛膏时，从睫毛根部向梢部梳理，把粘在一起的睫毛疏通。

2）眉刷。眉刷主要用于整理眉毛，形同牙刷，毛质粗硬。使用时在画好眉后，沿眉毛生长方向轻刷，淡化协调眉色。

（10）唇刷。是涂刷唇膏的毛刷，具有较好弹性和可控性，适合于清晰地画出唇形。选择耐用、好洗、密实的刷毛，有平头和圆头两种，毛质软硬适中、有弹性为佳。使用时蘸取唇膏或唇彩均匀涂抹于唇部。每次用完用化妆纸顺着刷毛方向擦净。

4. 修眉工具的选择与使用

（1）眉钳（见图2-12）。用来连根拔眉毛的小钳子，形同镊子，用于拔除杂乱眉毛。常见的有圆头、方头、斜头款式。挑选时要选钳嘴两端内侧平整与吻合的。有一种尖头钳容易损伤皮肤，一般不选择。使用时夹住眉毛根部，顺眉毛生长方向斜上方快速拔。也可作为辅助工具，帮助粘贴美目贴和假睫毛。使用前后用消毒棉球擦拭消毒。

图2-12　眉钳

（2）眉刀（见图2-13）。有去除毛发快、边缘整齐的特点，用来修整眉形。使用时将皮肤绷紧，刀与皮肤成45°角，紧贴皮肤将毛发切断。专业化妆师可选择电动眉刀。使用前后用消毒棉球擦拭消毒。

（3）眉剪（见图2-14）。用来修剪眉毛的长度，如杂乱或下垂的眉毛。眉剪细小，头尖且微上翘。使用时用眉梳按眉毛生长方向梳理整齐，将超过眉形部分的眉毛剪掉。注意少量多次剪，才能剪出均一的长度。使用前后用消毒棉球擦拭消毒。

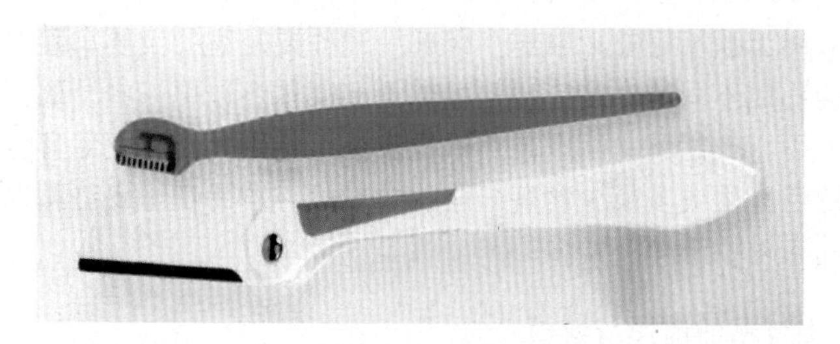

图2-13　眉刀

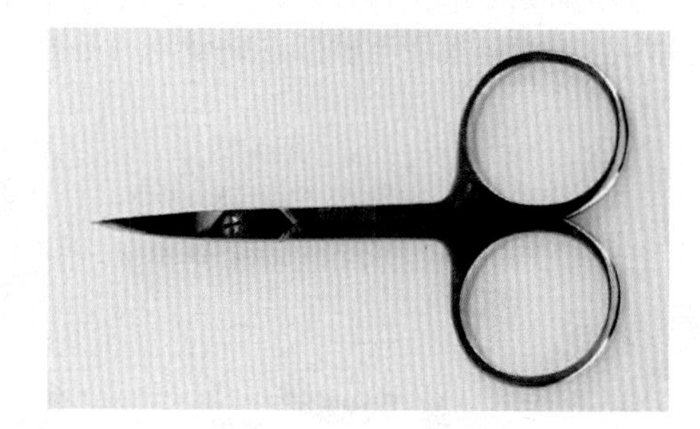

图2-14　眉剪

5. 睫毛夹的选择与使用

睫毛夹（见图2–15）是使睫毛卷曲上翘的工具。有塑料和铁质的，还有电加热的。铁质的较常用，以弹簧性能好，橡胶垫软、细腻为佳。有大小不同型号，大的可夹卷全部睫毛。小的夹卷局部睫毛，如强调眼尾睫毛或中部睫毛的弯度。应选择适合眼睑凹凸和幅度的睫毛夹；橡胶垫和夹口要紧密吻合、不留缝隙，橡胶垫凹陷变形或变脏，应更换；睫毛夹的松紧要合适。

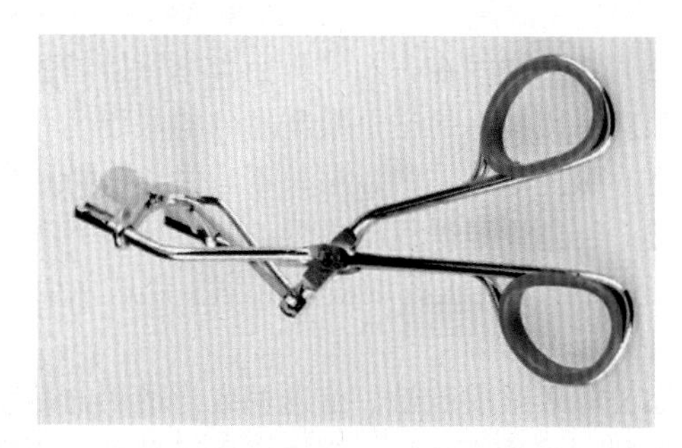

图2-15　睫毛夹

使用时夹合顺序为睫毛根部、中部、梢部，动作要轻盈，又要牢固地夹住睫毛。睫毛夹的施力大小会形成不同的卷度，睫毛根部至梢部依序以强、中、弱三段式施力。

每次夹完睫毛后，一定要用面巾纸擦拭橡皮垫，特别是上完睫毛膏时，更别忘了清洁睫毛夹。因为睫毛膏里或多或少含有一些化学成分，容易使橡皮垫腐蚀。另外金属部分也需要用柔软的布擦拭干净。

6. 假睫毛、美目贴的选择与使用

(1) 假睫毛。假睫毛可增加睫毛浓度和长度，一般有完整型（分整体型、眼尾用两种）和零散型两种。需用专业胶水紧靠睫毛根部粘贴使用（见图 2-16）。

图2-16 假睫毛

1）完整型假睫毛

①整体型假睫毛。用于整个眼睛的修饰，可使睫毛看起来浓密。整体型假睫毛是幅度从眼头到眼尾的假睫毛，配合眼睑的幅度及睫毛长度，修剪后粘贴使用。毛长较短的一端粘在眼头，较长的一端粘在眼尾。贴戴时，眼睛微张先贴中间，其次是眼头、眼尾，趁未干时用手指将睫毛和假睫毛轻捏在一起，再用食指背挑起睫毛，调整角度。

②眼尾用假睫毛。眼尾用假睫毛是粘于眼尾部分的假睫毛，修剪幅度从黑眼珠外侧到眼尾间。依黑眼珠外侧、眼尾顺序贴戴。毛长不宜太长，特别是黑眼珠外侧处的长度要能与天然睫毛自然衔接。否则会显得僵硬虚假。

2）零散型假睫毛。两三根或几根组成假睫毛束，用胶水固定在真睫毛上，弥补局部睫毛的残缺，也适合在淡妆中修饰。

(2) 美目贴。美目贴又称双眼皮胶带，是透明或半透明的黏性胶纸，是塑造理想双眼睑、矫正眼形的化妆工具（见图 2-17）。其材料也有多种，如塑料、纸质、胶布、绢纱等。有胶带状和成品两种包装，前者多为专业用，使用时根据需要决定具体形状和宽度，剪成比眼长略短的月牙形。微闭眼睛，贴在眼睑适当部位，一般粘贴在双眼皮皱褶处，以形成新的皱褶，然后轻推眼皮，让化妆对象睁开眼睛，检查是否合适。

所以，要使用美目贴，首先眼睛要有皱褶、眼皮要略松，纯粹的单眼皮、眼皮很紧者是不宜使用美目贴的。内双的眼睛皱褶线离睫毛线比较近，因此粘贴起来有一定难度。生活中要粘贴出曲线流畅的双眼皮，美目贴一般剪得较细。为保持黏性，需密闭保存。

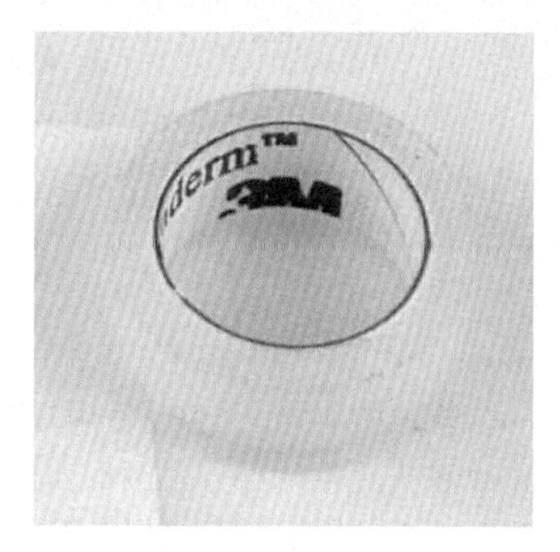

图2-17 美目贴

7. 辅助工具的选择和使用

(1) 睫毛粘贴剂（见图2-18）。睫毛粘贴剂类似胶水，强调对皮肤和眼部无刺激，高安全性。用来粘贴假睫毛或补足美目贴的黏性。需保持包装封闭，使用时先清理瓶口变干的粘胶。

图2-18 睫毛粘贴剂

(2) 化妆纸（见图2-19）。化妆纸主要用于化妆时的擦拭，吸汗吸油、卸妆、清洁等方面。选择质地柔软，吸水性强的纸质为佳。在吸汗吸油时，应用轻按的手法，避免硬擦，以免破坏妆面。去除过多唇膏时，将双层纸夹在唇间，对抿双唇。卸妆时要配合卸装产品，不能用纸干擦，否则会伤害到皮肤。化妆纸要保持洁净干燥，注易防潮。

图2-19 化妆纸

（3）棉片和棉棒（见图2-20）。棉片质地柔软干爽，使用方便，可用于拍打化妆水和卸妆。棉棒主要用于修整各项不当的化妆缺失，棉球部分呈圆形为好，要擦拭细微处时可将棉棒头部压扁。也可替代化妆刷的部分功能，用于描画或晕染眼线。要保持棉棒的卫生。

（4）小刀片（见图2-20）。小刀片适用于削各种铅笔型化妆笔，刀片锐利。使用前后用消毒棉球擦拭消毒。

（5）消毒棉球（见图2-20）。消毒棉球是专业化妆师化妆箱中的必备品，用于擦拭消毒。

图2-20 棉片、棉棒、小刀片、消毒棉球

2.2 生活化妆的基本审美依据

生活化妆是在人自身客观基础上进行化妆修饰，从而达到扬长避短、美化的目的。

生活化妆美学原则：

第一，要注重整体形象美效果。无论是皮肤的修饰，还是五官的化妆，都要与整体的形象美统一起来，使之协调一致。

第二，要按对象的职业、年龄、性格等特点及不同的时间、场合来化妆。由于每个人的长相都不同，所以生活化妆力求反映其独特的气质美。

第三，要讲究化妆手法和技巧。生活化妆追求真实自然、柔和协调，要尽力做到细施轻匀，既有形色渲染，又富于自然气息，使人难看出涂抹痕迹，要做到"浓妆淡抹总相宜"。尤其是眼影、腮红等的涂染特别要注意这一点。

所以，面部美的规律特点是生活化妆的基本审美依据。面部美，指人的面部与五官形态美的和谐统一。此外，面部美也要与人的气质、精神状态完美统一。

2.2.1 皮肤

皮肤覆盖于身体表面，是天然的保护屏障。具有调温、分泌、吸收、代谢、感觉功能。

人的皮肤在容貌美中有重要地位，均匀、光泽、润滑的皮肤会赋予人健康、清爽、和谐的美。

皮肤美的综合性判断标准主要有五大依据：

第一，皮肤健康有活力，肤泽红润亮丽。黄种人为微红稍黄。

第二，皮肤洁净，无斑点和表面异常凹凸不平现象。

第三，富有弹性、光滑柔软、不皱缩或粗糙。

第四，肤质呈中性，不易敏感、油腻和干燥。

第五，皮肤耐老，随年龄增长缓慢衰退。

1. 肤色

即皮肤呈现的颜色，主要由黑色素决定，与皮肤美有密切关系。肤色因种族、个体及分布部位的不同而有差异。种族间最大的差异就在于肤色。个体间又由于性别、生活方式的不同而有差别。一般男性的肤色比女性深些。体表部位不同，肤色也有所不同。肤色还会受年龄、季节、健康状况、生活环境等影响而发生变化。肤色苍白或偏黄，就会显病态。白皙透明显雅致、文静。黝黑光泽显健康、时尚。一般认为正常或健康状态的肤色就是美的。

黄种人的皮肤从颜色深浅看可分为浅肤色、中肤色和深肤色，从色调看可分为偏白色、偏红色、偏黄色、偏黑色四种类型。没化妆时面部肤色是不一致的，妆前需观察化妆对象脸颊、额部、颈部的自然肤色以对妆色做出准确选择。

表 2-19 为常见肤色与妆色选择搭配。

表2-19　常见肤色与妆色选择搭配

项目＼肤色类型	偏白肤色	偏红肤色	偏黄肤色	偏绿肤色	小麦肤色	浅棕肤色
选色原则	冷暖色调都适合，腮红修饰，增加光泽度是重点。如偏暖的白可与深色相配，交相辉映	冷暖色协调搭配以平衡中和暖肤色，或轻淡，或深暗	明快的灰色调搭配，适当用艳色点缀	冷暖色协调搭配，以中和冷肤色的不健康	基本可尝试各种颜色，或用同色系渐变表现时尚气息	可选用与肤色对比度大的珠光色系或明亮的中纯度妆色提亮肤色，使之透明、健康又生动
粉底色	粉色系、杏桃色、自然色	绿色修颜、黄棕色	紫色修颜，健康色，比实际肤色略深	红色修颜、自然色	古铜色、小麦色	浅棕色
眼影色	粉红、浅蓝、嫩绿、紫、桃红、橘色	黄、白、浅棕、珠光粉红、绿灰、深灰	明快的暖灰色调，蓝灰色调，点缀暖红色	珠光蓝、紫、粉红	浅棕、橘色、粉红、金、蓝灰、绿灰	金色、紫、珠光银色、浅黄、浅蓝、米色
腮红色	粉红、玫瑰红	珠光粉红、浅粉红	橘色、棕红	粉红、肉粉	浅棕、橘色	珠光粉、黄褐、棕红、橘色
唇色	桃红、粉红、玫红等，橘色也适合，可使肤色娇嫩	珠光粉红、桃红	红、橘色、棕红、酒红	粉红、浅桃红	粉红、深色、浅暖珠光色	浅金红、自然红
忌讳色	银色、墨绿等过冷色使肤色显苍白，偏暖的白不宜选浅绿	艳蓝、鲜绿等冷色给人不和谐感	黄绿色易显病态	黄易显病态。正红等过暖色使肤色显脏	偏绿和灰暗的黄色，会减弱妆面光彩，也不宜用过多色彩	红色、桃红等强烈的艳色，造成肤色不洁感。深暗色慎用

2. 肤质

肤质会随年龄、季节、气候等因素的变化而变化，不同部位的皮肤也可能存在不同的肤质。人的肤质一般可分五大类。

（1）油性皮肤。多见于青年人、中年人及肥胖者。皮肤角质层水分正常，皮脂分泌旺盛，毛孔粗大，易长粉刺，易留痘疤。但不易起皱纹，不易上妆，妆面不持久，容易浮妆。

（2）干性皮肤。干燥，缺少水分或缺少油脂，皮肤薄而多小皱纹，易生雀斑，缺乏光泽。不易上妆，但带妆时间长。

（3）中性皮肤。皮脂与水分保持平衡，光滑细腻，厚度中等，滋润有弹性，对外界刺激反应也不大，肤色均匀，毛孔细致，是最理想的肌肤。但会随季节和年龄而发生变化。一般春夏季会偏油亮，秋冬季会偏干爽，如保养不当也会变干或变油。

（4）敏感性皮肤。皮肤对化妆品、日照、海鲜、酒精等内外不同过敏源反应性过强，易发生组织损伤或生理功能混乱，引起过敏反应。面部微血管易破裂，脆弱，易脱皮，易起红疹。化妆很有难度。

（5）混合性皮肤。脸上油性和干性两种皮肤混合存在的一种皮肤类型，油性皮肤呈T形分布，即额部、鼻及鼻周区易泛油、长粉刺，其他部位特别是眼睛周围和脸颊较干。女性此类肤质者偏多，其中约有80%为混合性皮肤。

2.2.2 脸形

脸形是指平视脸部正面时脸部轮廓线构成的形态，脸形会随年龄和胖瘦的变化而改变。脸形与容貌美关系十分密切，在人的整体形象中占据重要的位置，是五官表现的基础，修饰脸形可改变人的气质、感觉。

1. 理想脸形

中国当代审美仍以椭圆形为标准来衡量女性理想的脸形，认为椭圆形脸最具女性特色。国字形为男性的标准脸形。

女性椭圆形脸特征是脸部宽度适中，长度与宽度之比约为4∶3，从额部、面颊到下颏线条修长秀气，有古典的柔美和含蓄气质。男性国字形脸特征是额部与脸部方正，线条直硬，形状如国字，有阳刚之气。但其他脸形也并非都不美，关键是要与人其他部分形态和谐。

理想脸形的化妆宜注意保持其自然形状，突出其理想之处，不必通过化妆去改变脸形。化妆时要找出脸部最动人、最具优势的部位，而后突出修饰，以免给人平淡、没有特点的印象。

2. 常见脸形特征

脸形一般可分七种：椭圆形、圆形、长形、菱形、方形、正三角形、倒三角形（见图2-21、表2-20）。脸形虽然分成很多种，但一般人的脸形通常是两种几何形状的混合型。所以，在认识、区分脸形时，要依据脸部轮廓具体特征仔细分析，化妆与脸形的关系是强调其优点、掩饰其缺陷。人的脸形变化很多，并不仅限于这里提到的这些，只要掌握扬长避短的技巧，就可适应不同需要，做好化妆修饰。

圆形脸

长形脸

菱形脸

方形脸

正三角形脸

倒三角形脸

图2-21　各类脸形

表2-20　各类脸形特征

项目＼类型	圆形脸	长形脸	菱形脸	方形脸	正三角形脸	倒三角形脸
外部特征	面部圆润丰满，骨骼结构不明显。额角及下颏偏圆。年轻人或较胖者中常见	面部窄瘦、肌肉不丰满。或脸部整体结构纵感突出	面部多棱角。上额角过窄，颧骨宽大突出，下颏过尖	面部有宽且偏方的前额和下颌角，棱角分明，脸的长宽度相近	面部上窄下宽，又称“梨形脸”。有的人骨骼明显，有的人丰满圆润	面部前额较宽阔，下颏偏尖。又称“心形脸”“瓜子脸”
气质特征	给人可爱、青春、平静、和气的感觉。但容易显稚气，缺乏成熟感	给人严肃、成熟的感觉，面部不够活泼，缺乏柔和感	容易给人留下不温和、冷淡、清高、不易接近的印象	给人稳重、坚强的印象，但缺少女性柔美、轻盈之感	给人安定感，但易显迟钝，感觉脸部下垂	给人俏丽、聪慧、秀气的印象，但也显单薄、柔弱

3．脸形的修整

对脸形的修饰与调整，主要是通过对皮肤、眉形、五官、脸颊等部分的形态与色彩的特别修饰来达到。在整体造型中更可借助发型、服装、饰品的运用共同解决脸形问题。作为化妆师要能从理论上、方法上进行系统总结，不生搬硬套，注意在掌握规律性的同时要依据实际操作中的具体情况选择最佳方法，因人、因妆的不同会遇见各种复杂问题，要能灵活运用理论常识，这样才能在实践中得心应手。

（1）修整的方法与原理。面部各部分的修饰与脸形的关系在以下的章节内容中，将有更具体的讲解。总的来讲，脸形的修整要注意以下几方面的内容：

1）对照理想脸形。人的脸形或多或少有些缺点，要仔细、客观分析各种脸形的具体问题，以理想脸形——椭圆形脸的特点作为矫正的参考标准。可将椭圆形脸与各种脸形比较，找出两者之间的差距。

2）合理利用加减法。加减法是修整脸形时所用方法的精练概括。通过化妆的方法，以椭圆形为标准对脸廓、五官、眉、腮红等的形态做视觉上的加减处理，从而帮助调整脸形。其实主要是通过线条和色彩的视觉效果来改变脸形，这道理也同样在发型和服装设计中使用。

3）线条的运用。脸廓、五官、腮红、眉的形都由线条组成，调整各部分的线条，就达到了对脸形的修整。横向线条有拉宽感，纵向线条有拉长感，弧线显柔和，带棱角的线条显硬度。如眉的调整，当增加或减少眉的纵向感时，可以调整脸的长度。当增加或减少眉的横向感时，可以调整脸的宽度。又如腮红的调整，改变腮红的斜度，就可调整脸的长度。

4）色彩的运用。深色、冷色有收敛效果，浅色、暖色有膨胀效果。也就是说，通过底色、腮红等色彩的深浅、冷暖效果的改变来调整脸形。

5）对比法的运用。在脸形的大小比例、长短、硬柔等方面合理利用视觉上的对比。以五官及局部与脸形的关系为例来讲，五官越小者越显脸大、眉越长倒三角形脸越显尖。五官越圆越会突出圆脸的圆。所以，可以通过适当调整五官大小、调整五官及局部所含的线条、调整脸部色彩冷暖和深浅来完成脸形的修整。

所以，在教与学两方面都要从基本原理出发，分析道理、说明问题。化妆最主要要因人而异、因妆而异，避免公式化般死记硬背、生搬硬套。

（2）各脸形的修整技巧（见表2-21）

表2-21　各脸形的修整技巧

项目＼类型	圆形脸	长形脸	菱形脸	方形脸	正三角形脸	倒三角形脸
修整方法	在视觉上对脸部进行拉长和变窄	在视觉上对脸部进行缩短和拉宽	拉宽脸两端，削弱变窄颧骨，柔和棱角	减少脸形四个角的坚硬感，增加柔度	应将下部角“削”去，增加脸上半部的宽度	造成掩饰上部、拓宽下部的效果
粉底修饰	脸侧画阴影，T区涂亮色，即用暗色沿额靠发际处起向下窄涂，至颧骨下部加宽，外眼角外侧向上斜涂亮色	前额发际线处和下颏底部涂阴影色。长形脸要在下颌角处打阴影	突出的颧骨和偏尖的下颏底部涂以阴影色，在太阳穴和两颊凹陷处涂亮色，外眼角外侧向上斜涂亮色	额角和脸侧画阴影，下颌角处宜用大面积暗色阴影。T区、外眼角外侧向上斜涂亮色	两腮画阴影，下颌角处用大面积阴影收敛，额两侧、T区、外眼角外侧向上斜涂亮色	可用阴影涂在过宽的额头两侧和下颏底部，用亮色涂抹于两腮
眉毛修饰	可作少许挑起的弯曲	适合眉梢略长的平直眉，平中略有弧度	眉梢略长的平直眉，眉峰略向外移动	稍粗，略挑起弯曲，不强调眉峰	适合略长、略有弧度的眉，眉峰略外移	柔和眉形，眉峰略内移
眼部修饰	轮廓略带棱角，强调内眼角，外眼角处向上提升刻画	外眼角向外延伸修饰	柔和处理，外眼角向外延伸修饰	强调内眼角，外眼角处向上提升刻画	外眼角处向上提升、向外延伸刻画	修饰重点内眼角
鼻部修饰	突出鼻侧影，使脸中央立体、突出	弱化处理，减少面部的纵向感	弱化处理，减少面部的凹凸感	突出鼻侧影使脸中央立体	自然修饰	自然修饰，鼻头不要尖
唇部修饰	略带棱角，下唇中部略尖，避免圆形小嘴	唇廓略偏平处理	唇廓略偏平处理，避免棱角感	可涂丰满一些，强调柔和感，避免棱角感	可涂丰满一些，下唇廓略尖	可小巧、秀气些，下唇廓平些
腮红修饰	斜长向发展，提升拉长脸形	离鼻子稍远些横向发展	收敛型涂于颧骨处，膨胀型涂于靠外眼角或颧骨下凹处	斜横长向发展，晕染面积略大些	颧骨外侧斜横长向晕染	靠外眼角处晕染

2.2.3　面部基本比例

美学家用黄金面容分割法分析标准的面部五官比例关系，五官的比例一般以“三庭五眼”为修饰的标准，“三庭五眼”是对脸形精辟的概括，对面容化妆有重要的参考价值，也是中国古代总结出来的描绘人的脸部美比例规律的基准（见图2-22）。

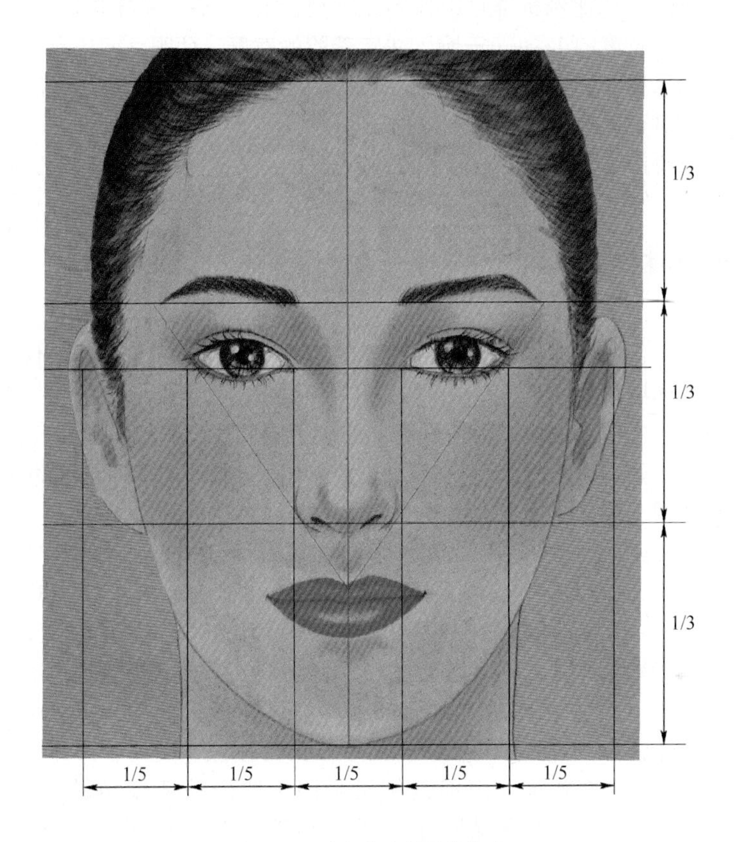

图 2-22　脸部美比例规律基准

1. 三庭

所谓“三庭”是指脸的长度比例，即由前发际线到下颏分为三等份，故称“三庭”。“上庭”是指前发际线至眉线部分；“中庭”是从眉线到鼻底线部分；“下庭”是从鼻底线到颏底线部分，它们各占脸部长度的1/3。

2. 五眼

所谓“五眼”是指脸的宽度比例。从正面看，以眼睛长度为标准，从左耳孔到右耳孔把面部的宽度分为五等份。两眼的内眼角之间的距离应是一只眼睛的长度，事实证明，“三庭五眼”的比例基本符合我国人体面部五官外形的比例。

从“三庭五眼”的比例标准可以得到以下结论：“三庭”决定着脸的长度。其中鼻子的长度占脸部总长度的1/3；“五眼”决定着脸的宽度，两眼之间应有一只眼的距离；眉头、内眼角和鼻翼两侧应分别基本在人正视前方时的同一垂直线上。面部的这一对应关系成为化妆师矫正面部化妆的基本依据。

详细的头部比例常识可参考绘画基础理论部分。

2.2.4 面部立体结构

面部凹凸立体结构同样影响着人的脸部轮廓美感。化妆是在脸上“作画”，其重要依据是面部的立体结构的特点。

面部的凹凸层次主要取决于面部骨骼、肌肉、脂肪层。脸部美的凹凸程度与骨骼的凹凸程度不完全相同。骨骼的大小、凹凸程度的不同，脂肪层厚薄程度的不同，以及肌肉发达程度的不同，使人的面部有着千变万化的差异。

如果骨骼凹凸明显、肌肉不发达、脂肪层薄，面部的凹凸结构就显立体。如果骨骼凹凸不明显、肌肉发达、脂肪层厚，面部的凹凸结构就不立体。对于女性来讲，面部结构立体时，面容有欧化、成熟、个性感，但棱角过于分明，会缺少女性的柔美感。面部结构柔和时，面容显温和、甜美，但过于不明显时，则显得不够生动，甚至有肿胀感。西方人比东方人面部结构立体。瘦人比胖人多骨感、多棱角感。男女面部的立体结构也有很大差异，一般男性面部刚毅、硬朗，女性则柔和、圆润。随年龄的增长，人在中老年时面部结构又会因为肌肉的萎缩和松弛、皮肤的衰老逐渐发生变化。所以，专业化妆师不但要会调整五官的形状和比例，还要能灵活运用化妆品，通过色彩的明暗原理表现和调整面部的凹凸层次；并能通过不同立体程度的刻画，配合皮肤、脸形、五官等的刻画，表现不同气质的美以适合不同的妆型表现。

1. 凹陷的面（见图2-23）

额沟（即额丘与眉弓之间的沟状浅阴影）、颞窝、眼窝（即眼球与眉骨之间的凹面）、眼球与鼻梁之间的凹面、鼻梁两侧、颧弓下陷、人中沟、颊窝、颏唇沟。

面部凹陷的面中会影响脸形的是颞窝、颧弓下陷、颊窝。对面部凹陷面的刻画要小心处理，否则有脏感或不健康感，如眼窝过凹容易显老，所以眼影深浅因人而异。

2. 凸出的面（见图 2-23）

额部、额丘（即额中间部左右各一、呈圆丘状微凸）、眉弓、眶上缘、鼻梁、颧丘、颧骨、下颌角、下颌骨、下颏、下颏丘等。

面部凸出的面中会影响脸形的是额部、颧骨、颧丘、下颏、颏丘、下颌骨、下颌角。

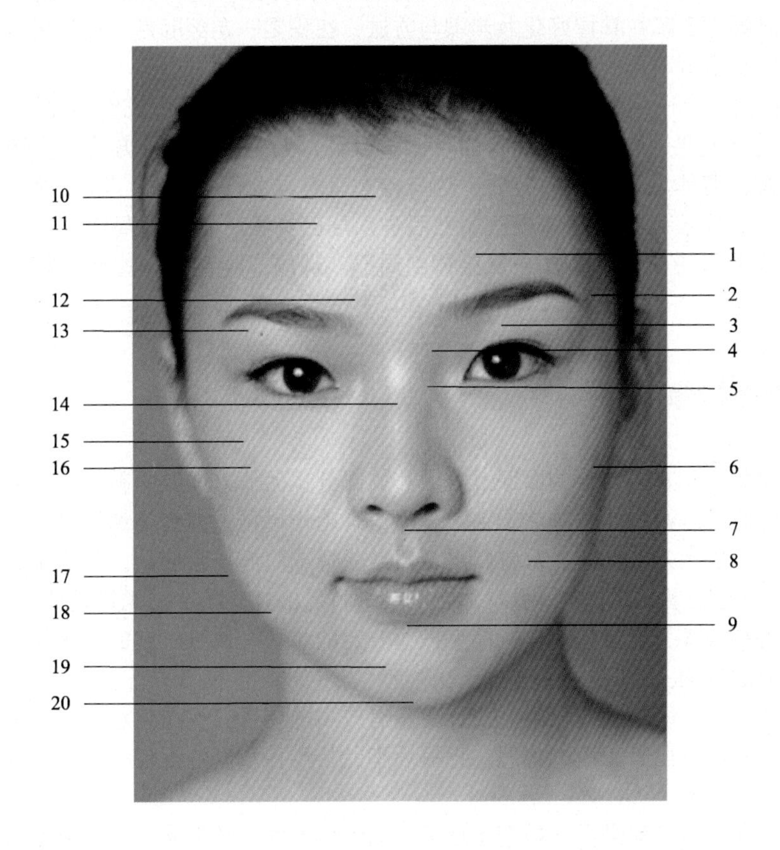

图 2-23 凹陷、凸出的面

1—额沟 2—颞窝 3—眼窝 4—眼球与鼻梁之间的凹面 5—鼻梁两侧 6—颧弓下陷 7—人中沟 8—颊窝 9—颏唇沟 10—额部 11—额丘 12—眉弓 13—眶上缘 14—鼻梁 15—颧丘 16—颧骨 17—下颌角 18—下颌骨 19—下颏 20—下颏丘

2.3 化妆基本步骤

化妆就像加工珠宝，越加工越耀眼完美。选择了合适的化妆品和工具，不注意化妆步骤和化妆技巧还是不能成功，化妆步骤和化妆技巧直接影响妆容效果。

当然化妆步骤并非一成不变，应该依据化妆对象的实际情况随时调整技巧与手法。初学化妆时要先了解并掌握好化妆步骤与方法，在积累一定经验后，就可根据对象的外形和气质以及不同场合的需要，设计出魅力十足的特色妆型。

化妆技法具有一定的程序，但是也可以根据化妆师自己的习惯进行调整，有时为了表现某种特殊效果，也会打破通常的规律。但是，无论采取何种方法、步骤，都要保持整体观察、整体调整效果的方式。这与绘画有着异曲同工之处，不要限于局部，要保持整体。在化妆之初要整体观察，然后进入局部刻画，在刻画局部的过程中以及完成之后，均要保持整体的概念，从整体到局部、从局部到整体，这是化妆技法最基本的要求。

2.3.1 整体构想

脸部化妆，一方面要强调面部五官最美的部分，另一方面要弥补不足的部分。经过化妆品修饰的美有两种：一种趋于自然，另一种趋于艳丽。前者是通过恰当的淡妆来体现的，它给人以大方、清新的感觉，适合日常生活或职业场合使用。后者是通过浓妆来体现的，给人以庄重、高贵的印象，适合宴会等特殊的社交场合。无论是淡妆还是浓妆，都要利用各种技术，恰当使用化妆品，按照一定的步骤，通过一定的艺术处理，才能达到美化形象的目的。

生活化妆虽不同于演艺化妆对设计方案有较高的要求。但在化妆工作开始前，化妆师还是应该在脑海里有完整的构思，把握妆型的特点、浓淡的程度和色彩的运用等。要注意以下几点：

第一，化妆修饰前需仔细检查工作环境的光线条件，避免光线太亮或太暗。

第二，需详尽且快速检视、总结化妆对象的外部长相特点，包括分析皮肤、脸形、五官、凹凸结构等特征。

第三，与化妆对象进行沟通，了解对方的具体状况。对化妆对象的自身气质、所选服饰及所出席的场合环境有大致了解，特别是有无过敏情况。然后对其妆型进行准确定位。

2.3.2 洁肤—润肤

化妆之前可以用洁肤类化妆品清洁皮肤。洁净的皮肤是化好妆的基础，在洁肤时可适当做些按摩，使皮肤舒张，以增加与化妆品的亲和力。洁肤后不宜马上化妆。

在洁肤后，可以先使用化妆水轻轻拍打整个脸部以补充水分，等到皮肤完全吸收后，涂上润肤品滋养皮肤，同时也可以隔离彩妆，边涂边轻轻按摩或拍打，使之被皮肤完全吸收，如图 2-24 所示。T 区等易脱妆的地方应用化妆纸吸去多余的护肤品，使皮肤在妆前保持清爽、柔滑、富有弹性的良好状态，以便更易上妆。润肤工作可保护、滋润皮肤，使皮肤呈现最佳水嫩状态，上妆时就不易浮粉或脱妆。所以，要注意选择适合肤质、妆型、季节的润肤产品。

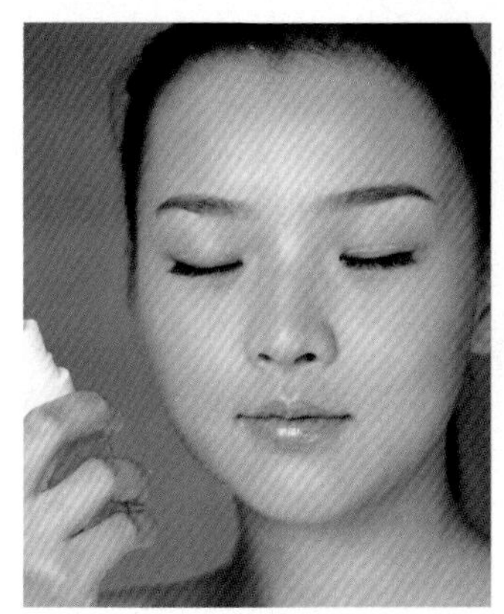
步骤1

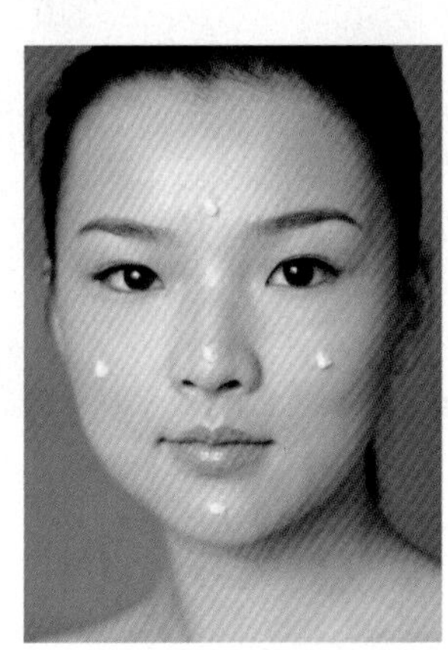
步骤2

步骤3

图 2-24 洁肤—润肤步骤

2.3.3 底色的修饰

1. 修颜

修颜就是修整颜色，主要是用彩色系粉底修饰并调整肤色，让后上的肤色系粉底更自然、清透。之前在介绍粉底产品时列举了这类产品，在具体运用时要注意：

(1) 一定要选对颜色。依据化妆对象肤色情况，选择正确的修饰色，才能达到最佳修饰效果。特别要注意并非每个人的化妆都需要修颜步骤，还是因人而异。

（2）用量要少。使用修颜粉底时，要少量薄涂、轻轻推匀，使用过多，色调会过于明显，肤色反而不自然。

（3）修颜粉底主要作用是辅助调整肤色效果，以提高肤色系粉底的作用，一般不单独使用。

修颜前后的对比如图2–25所示。

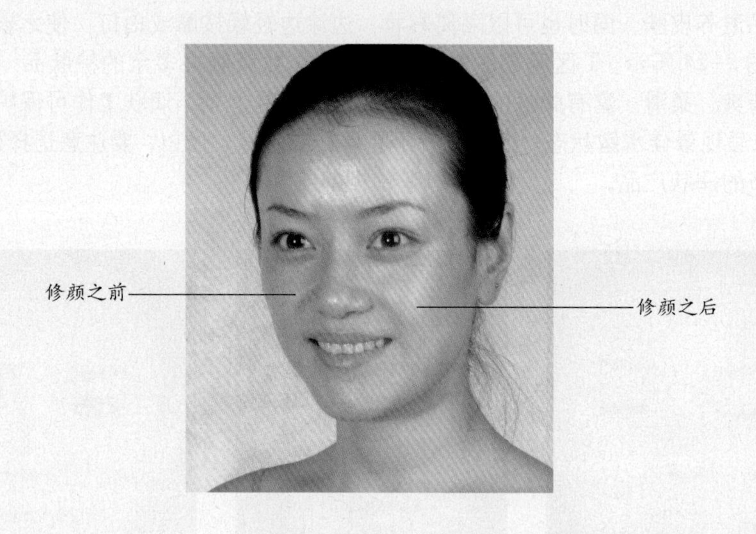

图2–25 修颜前后的对比

2. 遮瑕

化妆对象的皮肤条件各不相同，常常会有细小的斑点瑕疵，如雀斑、黑眼圈、粉刺留下的疤痕，还有皮肤松弛出现的凹痕等不尽如人意之处，需要用遮瑕产品进行特别的遮盖，使整个面部皮肤变得自然、健康，如图2–26所示。

选用遮瑕产品要掌握一定的技巧，可以使妆容显得更清爽，关键在于适量、轻按、涂匀。先将遮瑕产品涂点在需要修饰的部位，然后用手、化妆笔或海绵涂匀。

遮瑕产品与粉底使用的先后顺序因质地不同而有区别。如用粉底液，之前之后用都可。粉底膏和粉条有强遮盖力可在之前用或不用，细微的瑕疵在涂抹完粉底后使用。使用后扑上定妆粉。如遮盖效果不佳，可反复使用，一定注意遮瑕产品与周边皮肤要衔接好。同时要注意不同的状况和不同的部位，使用不同质地的遮瑕品。

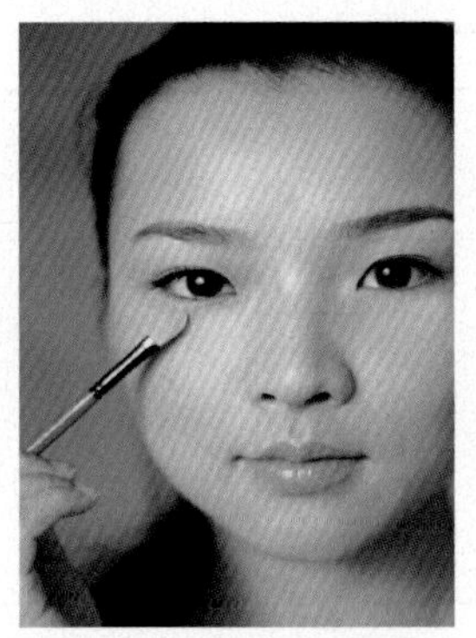

遮黑眼圈

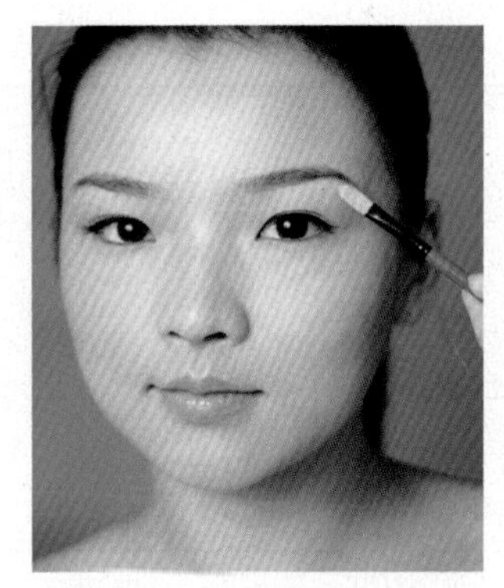

遮雀斑

遮盖皮肤松弛出现的凹痕

遮粉刺

图 2-26 遮瑕

以下介绍几种常见的遮瑕情况，见表 2-22。

表 2-22 常见的遮瑕情况

类型 项目	雀斑	黑眼圈	黑斑、黑痣	粉刺	皮肤松弛出现的凹痕
遮瑕色	选择比肤色略暗的遮盖色。白色、米色等浅色系会使雀斑更明显	黑眼圈一般呈黑青色或棕色，根据对比法的法则，可选浅橙色系产品遮盖泛青眼圈，米黄色、浅肉色系遮盖泛棕眼圈	和雀斑一样选择比肤色略暗的遮盖色。可使用和肤色接近的褐黄色系	凸出部分选择与肤色相同或者略暗的遮盖色	选择比肤色亮的遮盖色，一般有浅肉色、米黄色

续表

类型 项目	雀斑	黑眼圈	黑斑、黑痣	粉刺	皮肤松弛出现的凹痕
修饰方法	将肤色抹成小麦色，健康又可爱。化妆重点在眼部，或蘸少量遮瑕膏，用海绵或指腹轻点	使用质地较软的棒状遮瑕膏和遮瑕乳。情况严重时用遮瑕膏，但别涂太多	用细笔蘸少量遮盖膏点画。也可用海绵或指腹轻点，或直接用遮瑕笔	要特别小心，使用遮瑕笔或用细小毛刷，蘸取少量的遮瑕膏，将粉刺面疱逐一作遮饰	用扁头化妆笔蘸遮瑕膏轻抹在凹痕处，再用指腹轻点，注意和底色的衔接

3. 底色的涂抹

选择与肤色相近的粉底，粉底色彩要与肌肤亲和，涂抹时要均匀，薄厚要适中，涂抹方向和用量要掌握得当，面部颜色要统一。粉底在面部的覆盖要全面，如上下眼睑、唇部四周、鼻下方、下巴、鼻窝和耳部等细小、易疏忽的部位均应覆盖粉底。粉底涂上之后，肌肤感觉越透越好，使面部看上去有真实的立体美感。

（1）使粉底均匀的涂抹方法。一般有以下几种方式：

1）手推按法。用手掌和指腹涂粉底快速而方便，手的温度可以使粉底更服帖于皮肤，用手掌和指腹将粉底推开后轻拍，皮肤质感显得透明而均匀。一般适用于液状、霜状、膏状粉底。

2）海绵法。用一块干净、有厚度的海绵打底是常用的方法，也适用于不同状态的粉底。注意，在使用时运用按压和推涂结合的手势，让粉底紧贴皮肤，防止浮起。如果使用比较厚的固体粉底，可以将海绵打湿，潮湿的海绵可以稀释过于干燥的固体粉底，使其均匀而服帖。

3）刷子法。可以选用不同大小的刷子涂抹粉底或局部遮盖，但边缘要和其他部分自然衔接，要防止有刷痕。

4）综合法。为了整个粉底达到最佳效果，可以将以上几种手法一起使用。

比如，化妆对象面部皮肤大部分比较好，只是有黑眼圈，颧骨处有少量的色斑。可以先用手推按法均匀地涂抹适量粉底液，使皮肤有自然、透明的效果，然后用湿海绵使用较厚的同色固体粉底或遮瑕产品遮盖颧骨处的色斑，最后以小刷子蘸取适量的固体粉底或遮瑕产品遮盖黑眼圈，从而获得完美的粉底效果。

（2）不同质地粉底的涂抹方法。这里介绍几种简单的涂抹粉底的基础方法。

1）粉底液、粉底霜。可以用笔刷轻蘸粉底后，从额部开始横向刷、鼻部纵向刷、脸颊部斜横向刷、嘴周围由中间向两边刷，或者用海绵涂抹，方向相同。然后用手掌、指腹或海绵轻拍按使其均匀。

以下具体列举涂抹粉底液、粉底霜的步骤，如图 2–27 所示。

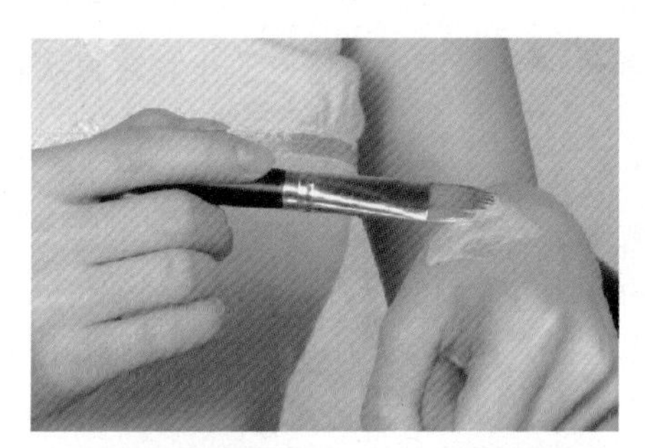

步骤1　笔刷蘸粉底后，在手背上调匀

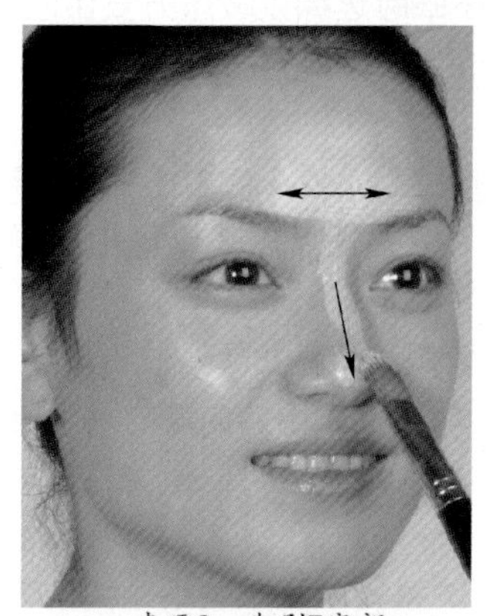

步骤2　先刷T字部

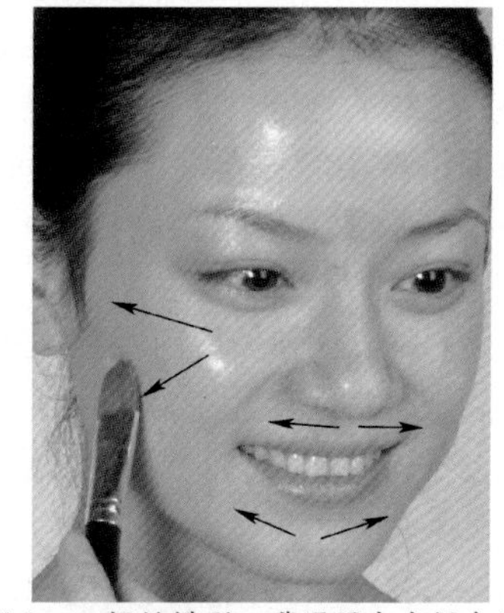

步骤3　双颊斜横刷、嘴周围由中间向外刷

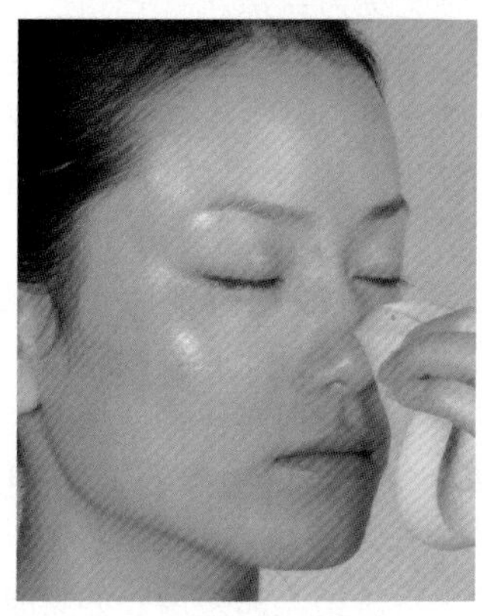

步骤4　用海绵轻按

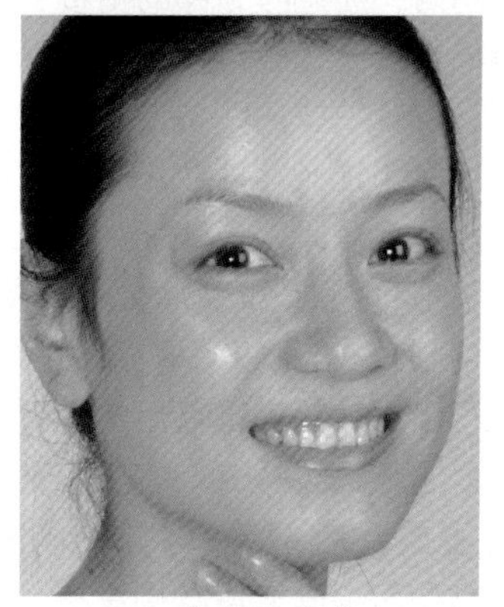

步骤5　完成

图 2–27　涂抹粉底液、粉底霜的步骤

先取一些粉底液在手背上，用粉底刷稍调试，使其更均匀后涂刷于脸上，也可用海绵（易吸粉底）和手直接涂抹。

上粉底时从面部大面积部位着手。用蘸有粉底的化妆海绵从脸颊内侧涂起。涂抹时由面部内向外推匀，注意衔接，避免色差，并可用手掌稍加按压，使粉底服帖。注意：往外推匀时，不要中途添补粉底，因为这样不但会使妆变厚，而且缺乏立体感。

从脸颊内侧涂：脸颊内侧基本是从内眼角朝正下方至鼻翼旁为止及横向延伸而成的范围。这个部位会影响肤色的整体感。同时小心易长皱纹的部位，粉底不宜涂太厚。如要掩盖痘疤和毛孔，则用手指轻按，让粉底与肌肤更贴合。脸颊内侧以外要涂薄薄的一层，显得柔和而自然。

然后是眼睑部位的涂抹。沿着下眼睑外缘或顺着眼尾涂抹，皱纹会更加明显，若为了避免眼睛周围产生皱纹，可让眼睛向上看，沿上下眼睑边缘以按压方式由眼头到眼尾、从内侧向外侧一气呵成地涂抹，注意要涂薄薄的一层，柔和而自然。人中部位、鼻唇沟处也是容易形成皱纹的地方，要轻按处理。

接着从眉间沿鼻梁涂抹粉底。从眉间沿鼻梁抹上粉底之后，由上往下推均匀，再是鼻子两侧及鼻翼周围，对粗大的毛孔的修饰可上下重复点按，或用指腹画小圈的方法推抹。

额部的粉底修饰，会因涂抹面积小、晕抹距离较短，而使发际处的粉底显厚而不匀，晕染时应特别注意。将粉底放于额头中央偏低处，朝两侧太阳穴向左右两侧抹开、朝发际方向由下向上推匀抹开。如此晕染的效果自然、浓淡适宜，可以避免常有的发际处粉底不均现象。

脸部轮廓处、发际或太阳穴要由内向外晕开。颌线则从耳根朝下颏尖的方向，沿轮廓线上下晕抹均匀，注意与颈部的衔接，使粉底的感觉更为自然。

最后用海绵拍按整个脸部，在脸颊、鼻、额头、眼睑等部位，进行局部拍按。注意用力不要太重，以轻拍按的手法，切不可推抹，否则会推掉原来的底妆。拍按后粉底与皮肤的附着度可大为提升，彩妆不易脱落。不均的粉底、刷痕、指痕等都一一消失，取而代之的是完美的底妆。

另外，为了保证化妆的整体效果，在颈部、前胸等皮肤裸露部位都应涂抹粉底。

2）粉条、粉底膏（见图2-28）。先按顺序（额部→T区→脸颊→嘴周围）将粉条、粉底膏直接涂于面部，粉底膏可用笔刷直接蘸取涂刷，然后用海绵轻按推匀。

注意粉条、粉底膏在皮肤上容易变干、不好涂匀，最好边涂粉底边用海绵按区域一一推匀，不要涂完整脸后再用海绵按，这样粉底会不均匀。

也可以用微湿海绵蘸取后直接涂抹，把涂和按的手法结合起来用。如果是在局部加厚或配合粉底液后用，以加强遮盖效果，只要用海绵做按压手法就可以了，反复推涂会破坏先前完成的底妆。

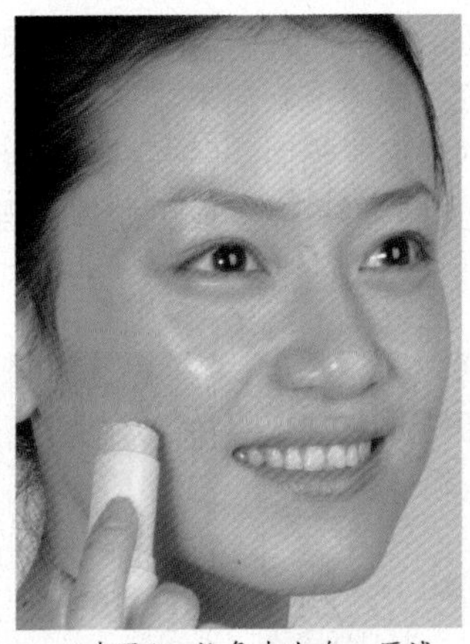
步骤1　粉条先上在一区域

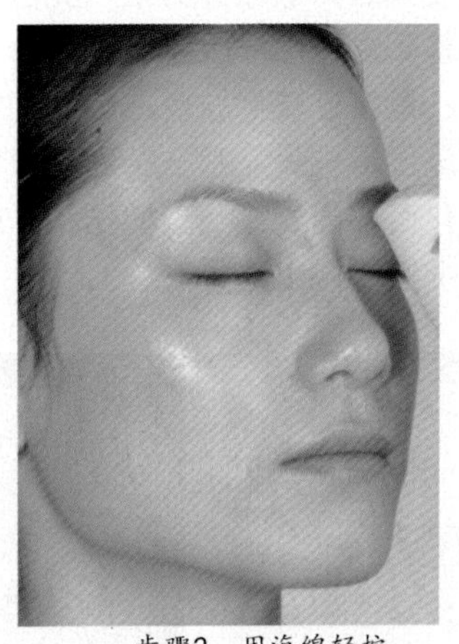
步骤2　用海绵轻按

图 2-28　涂抹粉条、粉底膏的步骤

3）粉饼（见图 2-29）。还有一种最快速的粉底修饰方法，就是使用粉饼。涂抹时不要大幅度地来回拖擦，这样粉会浮于肌肤表面，皮肤纹理会太过明显。一般用微湿的海绵蘸干湿两用粉饼，以按压的方法按顺序（额部→T区→脸颊→嘴周围）轻轻推匀，这样粉比较容易被皮肤所吸附。如果用于补妆，干的海绵就可以了，为避免破坏先前的底妆只能用按压手法。

步骤1　蘸粉

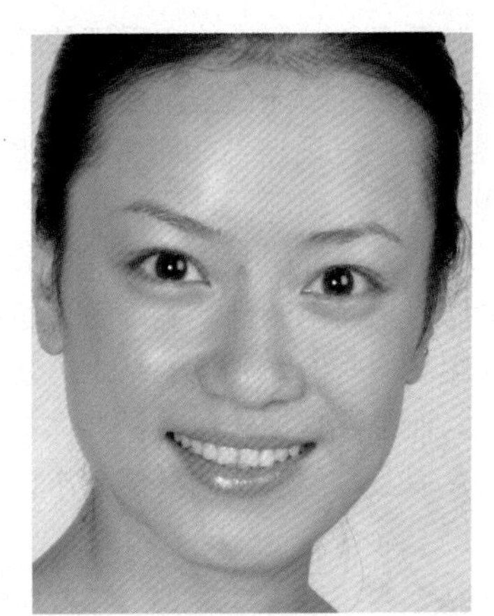
步骤2　推匀

图 2-29　涂抹粉饼的步骤

(3) 使脸立体的粉底涂抹方法（见图 2-30）。专业化妆师处理以上技法时，为了更好地塑造面部基础立体感，收紧脸部轮廓，可以选择三种深浅不同的粉底。中度深浅的粉底为基底色，最接近自然肤色。较深的粉底可使脸庞看起来显得消瘦。浅色偏白的粉底可使消瘦脸庞显得丰满。那么，利用深色的粉底收缩面部需要缩小或凹陷的位置，用浅色的粉底强化面部高耸或凸出的结构，就可使脸形更完美或更立体。当然，粉底颜色可依据具体情况需要做出选择。

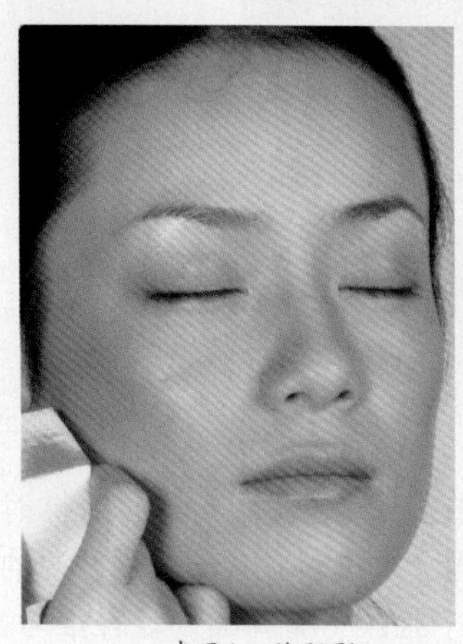

步骤1　施阴影

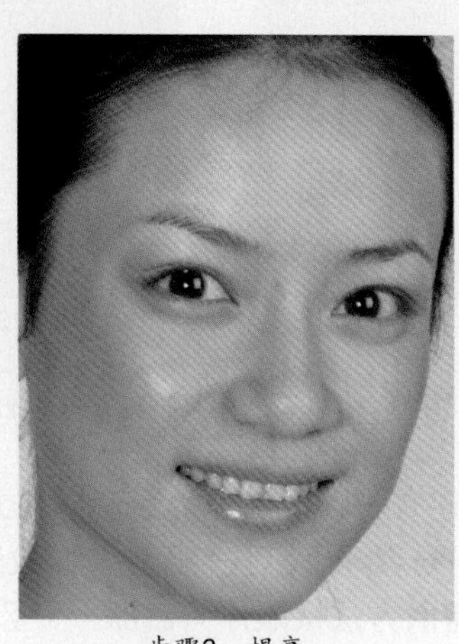

步骤2　提亮

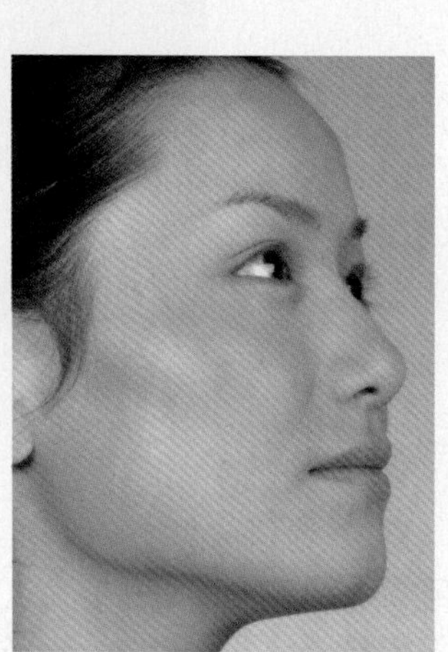

步骤3　完成

图 2-30　使脸立体的粉底涂抹方法

所以，在基底色粉底涂抹之后还要涂抹亮色和影色粉底，强化立体效果。涂抹的手法和基色粉底相同。略深色基本涂在眉毛以外的部位，一般涂在发际、脸廓和下颌边缘，用海绵轻轻涂匀，呈现自然阴影，使脸庞轮廓更显分明。略亮色基本涂抹于眼睛下方、外眼角外侧半圆形、额部、鼻梁、下颏、眉梢下方的眶上缘处。如此一来，脸颊内侧就越显明亮，强调了面部的立体感，使双颊线条立体、生动、凹凸有致。当然，还可根据化妆对象的脸形、面部凹凸状况做更仔细的处理。

以上介绍了一些修饰底色的基本方法，粉底的涂抹应有准确的位置，但在化妆中不可机械照搬，而是要根据化妆对象具体的面部条件采取相应的技术处理，也要考虑产品和工具的特点以及妆型效果的具体要求。

2.3.4　定妆

上好粉底后，面部让人觉得有油光。如果面部油脂分泌旺盛，那脸上就更会四处泛光。既容易掉妆，又让人感觉很不舒服，可扑上蜜粉，蜜粉的渗入可以使敷好的粉底固定，妆面稳固而持久。同时，又可以在修妆时减弱过重的色彩，在补妆时吸收油脂，使整个妆面清新柔和、散发光泽（见图 2-31）。

步骤1　用粉扑

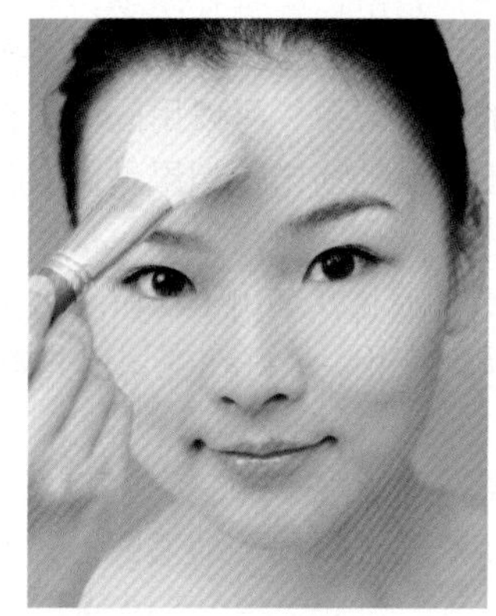

步骤2　用刷子

步骤3　扫去多余散粉

步骤4　完成

图 2-31　定妆步骤

蜜粉用量是否适当对妆面的影响很大。上粉过多有时会显虚假，特别是皮肤较黑、面部皱纹较多、有丰富表情的脸，更应适量薄施。否则，过多的蜜粉会使肤色发灰、皱纹明显、皮肤变干、导致更多皱纹产生。但粉量太少，定妆效果又会打折扣，也容易有不均匀感。

同时，定妆的时间也是要注意的细节。肤质偏油者，可在打完粉底后立刻定妆，且定妆要充分。肤质偏干者，最好在打完底后观察皮肤表面，让皮肤略与粉底融合，粉底无浮起效果后再定妆，且定妆粉要少。

定妆时，一般选择与粉底颜色相近的蜜粉。蜜粉质地细，用刷子或粉扑时手势都应该轻。用粉扑上粉时，不能用粉扑直接往脸上涂擦，会将已敷好的粉底弄花。要用粉扑蘸取适量粉，将粉扑对折后轻轻揉搓，调匀后从皮脂分泌最多的鼻头扑起，在脸上各部轻轻按压。最后用干净的散粉刷轻轻刷下多余的粉末。这样，妆面就会清新、柔和。如果想获得薄透的定妆效果，可以用散粉刷直接上蜜粉，全脸刷完后，把刷子上的粉先弹去，再刷掉脸上多余的粉末。如果是用油脂型彩妆品完成的妆，为避免妆面变花，定妆不用粉扑改用刷子。

也可以用粉饼定妆，选用干粉饼，携带和使用都方便。另外，还有修饰肤色的各色蜜粉，一定要调匀使用，最好在使用前先敷上一层透明蜜粉，以避免颜色太明显、生硬、不均。

现在，有些粉底质地干爽，无须定妆，或者有些肤质、妆型有特殊要求可以不定妆。所以，化妆的步骤是可以因需而变的。

2.3.5 局部的刻画

1. 眉的修饰

眉的形状、粗细、长短，对人整个面部的神态表情，特别是对眼部的印象，起着重要作用。同时，眉形的变化又可以起到调整脸形的作用。眉又具有鲜明的时代特征。中国古代画眉被人们称作“描”，可见，眉毛的修饰是需要精心描绘的。

修饰眉时，最重要的是眉的形和色，以及修整的技巧和对整体感的把握。应根据不同人的脸形、五官及个人气质进行选择。这样，面部就有了起伏变化。因此，眉的化妆对面容的美化往往起着画龙点睛的作用。

(1) 理想眉形（见图 2–32）。眉毛由眉头、眉峰和眉梢三部分相连组成，从眉头、眉峰到眉梢的线条流畅、清晰。

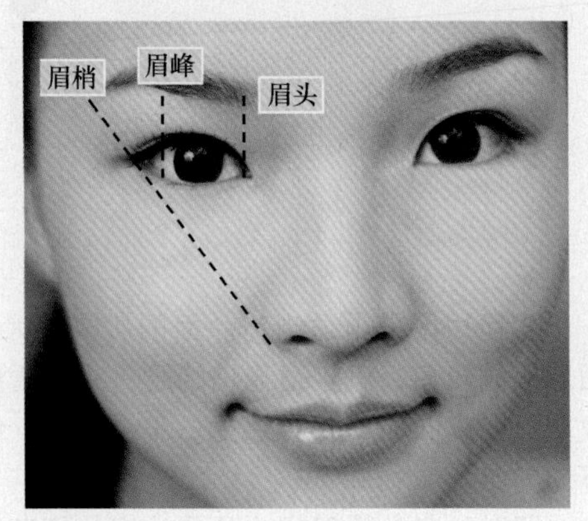

图 2–32 理想眉形

双眉之间的间距为一只眼的长度。眉与眼的距离大约有一眼之隔。眉头起始于内眼角向上垂直延伸的部位，和鼻影自然过渡。眉峰位于眉毛 2/3 的部位，当眼睛正视前方时在黑眼球的外侧到外眼角间。眉梢位于从鼻翼、外眼角斜连线与眉相交处。眉梢与眉头的高度基本呈水平线，或者眉梢略高于眉头。眉头最粗，越靠近眉梢应越尖细。

眉毛的生长方向是眉头部分向外上方生长，眉腰部分上缘向下、下缘向上方生长，眉峰、眉梢部分斜向外下方生长。

(2) 常用各式眉形

1) 自然眉。整个眉从眉头到眉梢，呈现缓和的自然弧度，自然、大方。

2) 一字眉。呈水平的直线，有的粗而短，有的粗而长。看上去显得很青春，活泼可爱。

3) 弧形眉。优雅温和的弧形眉，眉峰弯曲柔和，能显出女性温柔、雅致的一面。

4) 挑眉。眉头低，眉峰高挑、有棱角，眉峰挑度不同，展示的气质美也不同。自然挑起，看上去精明干练、充满智慧。高高挑起，有欧化感，冷艳性感。

5) 刀眉。眉头较细，眉峰粗，眉的线条硬朗、刚毅。一般是男士的眉形。

(3) 眉形与脸形的搭配

1) 椭圆形脸形。标准眉即可，其他眉形也适合，可以在不同妆型中选用。

2) 圆形脸形。挑眉较适合。强调眉形弧度的高挑眉最适合圆脸，它高挑的弧度，恰好将圆脸拉出适当的距离，让脸部的五官不那么集中，使脸在视觉上被拉长了。

3) 方形脸形。弧形眉较适合。上扬、强调眉峰弧度的上扬眉形，掩盖了脸部稍显理性的角度，把脸变圆了。画眉时要注意：双眉之间不要距离太近，否则会使五官显得太集中，脸变得更大更方。从眉峰描画到眉尾时，可将线条慢慢减细，并且顺着眉形微微上扬。最重要的眉峰部分，以眉笔将眉峰的弧度勾勒出来，让眉形的曲线更立体。

4) 长脸形。长脸适合一字直眉，眉形平坦没有弧度，使得脸看起来感觉不那么长，两颊也显得圆润一些。若是长方形脸眉形最好平中略带柔和弯度。

5) 正三角形脸形。略有弧度的长眉，并将眉峰略向外移，视觉上可增加脸上部的宽度。

6) 倒三角形脸形。弧形眉较适合，不过上扬眉形会使脸部线条过于生硬，给人不易亲近之感。所以，略带弯度的自然眉形，眉峰略向内移，可以缓和脸部线条，使脸显得柔和。

7) 菱形脸形。适合平直眉，眉峰略向外移，对比之下使颧骨在视觉上有内收感。

(4) 眉的修整（见图 2-33）。修整眉的形状是生活化妆中的常用技法。生活化妆追求自然、真实、生动的美感，眉形最好不要过度改变。因此，如果本身眉毛比较完整，尊重天生的眉形是修眉的重要准则。过度拔眉，甚至将眉毛剃光，会影响到眉毛的生长，也让眉形显得不自然，特别是眉头不要过度拔。

当出现以下几种现象时修饰矫正眉毛则必不可少：眉毛稀少、残缺；眉毛过短或过长、倒挂、过挑、距离太近或太远、色过浓或过粗等；眉毛影响其他部位及脸形的美感。通过修饰与矫正，使眉形得到改善。

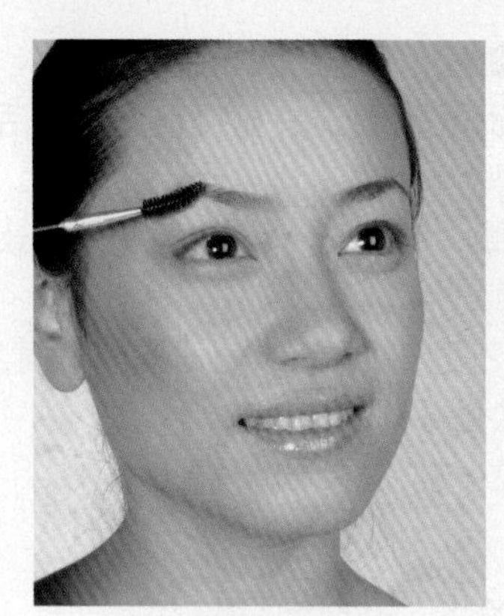

步骤1 整理

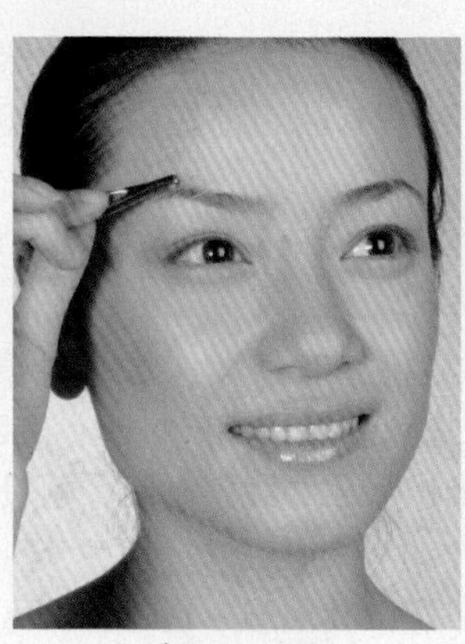

步骤2 拔除

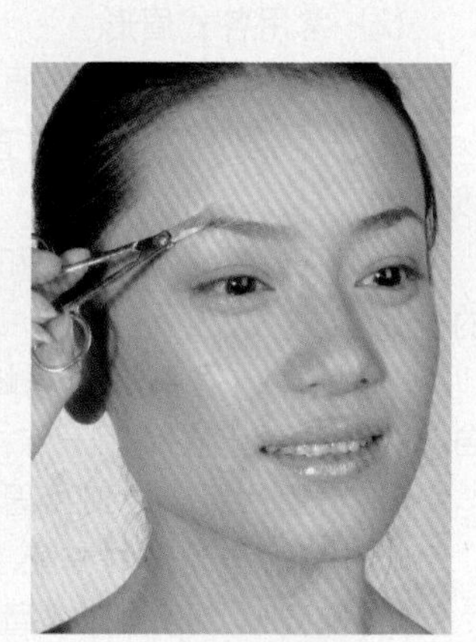

步骤3 修剪

图 2-33 眉的修整

修眉的步骤如下所示：

1）清洁。对着镜子将眉毛刷顺，用酒精棉球或爽肤水擦拭眉毛及周围，使之清洁。

2）调整轮廓。先目测，找出理想的双眉轮廓，确定好眉头、眉峰、眉梢的位置。

找准轮廓线不是那么简单的事，初学者修眉之前，可以先用眉笔画出眉的轮廓线。轮廓线的基本画法是由眉头到眉峰，顺着眼睛的弧度描画；眉峰周围的角度则配合想要的眉形勾画。

然后，从修整眉毛边缘杂毛开始将多余的部分去除，使眉毛变得清爽干净。眉毛上下方、双眉之间的杂毛，可以用修眉刀刮除，或是用眉钳一根一根拔掉。

在此过程中，要注意眉头的位置应对齐内眼角，不要修过头。还要注意：刮刀虽然可以快速剃除杂毛，但往往因剃得太干净而不够自然，甚至还会一失手就造成难以弥补的遗憾。最好从远处边确认边刮除，才不会修过头。修眉时也要常从远距离观察，时时确认眉毛的整体感。

3）调整长度。若是眉毛太长，要把过长的向下生长的眉毛修剪到合适的长度。

修剪方法：先将眉梳平贴在皮肤上，将眉毛由上往下梳，自眉梢向眉头逆向梳理，过长的突出的眉毛用剪子剪掉，眉梢要求短一些，眉头要长一些；再用眉梳梳一次并贴紧眉毛，把露出眉梳缝隙间的毛剪去；最后再用眉梳梳理整齐。

若为了修剪方便，用刷子将眉毛往下压剪，那么线条会参差不齐。特别是上下眉毛浓密处若以眉梳抵住修剪，那么一梳开就会形成一个凹洞。所以最好还是一根根剪，不宜剪得太过，以保持眉的立体感。

4）精心修整。再用眉钳细心地把多余的眉毛逐根拔掉。

精心修整的方法：用手指绷紧眉毛处的皮肤，用眉钳夹紧眉毛的根部，顺着眉毛生长的方向一根一根地拔，这样可以缓解疼痛，之后再擦些乳液或冷霜加以保护。

（5）眉的描画（见图2-34）。眉的描画应该与化妆对象的脸形、气质相协调，与发色、妆型相协调，要求虚实相映、左右对称。

眉毛的形状、色调可以展示人的个性和情绪，也是妆型的重要区别部位。眉毛的浓淡决定着眼神的强度。

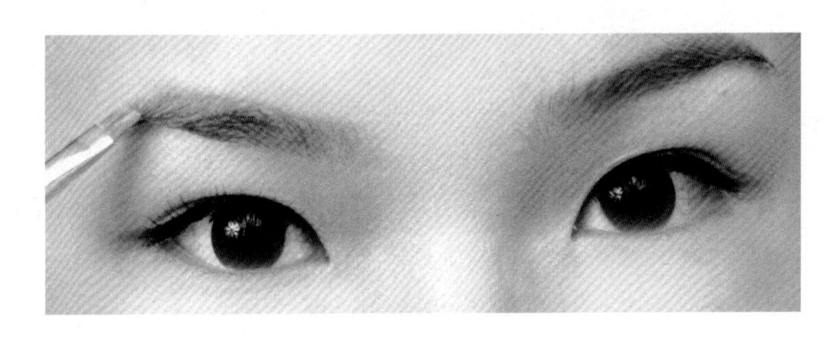

图2-34 眉的描画

基本步骤与方法（见图2-35）：

先用眉刷梳理修整好的眉毛，再次确定眉头、眉峰、眉梢的位置，接着开始描画眉形。

一般从眉腰开始下笔描画，眉腰也称眉肚，即眉头往后到眉峰之间部分，这部分眉毛最浓密。向前往眉头轻轻地揉刷，向后描出眉峰、眉梢。

然后用眉刷刷开晕染。要将眉毛颜色的浓淡分开，描绘出的眉毛才会自然。注意眉头不要过重、眉峰明显、眉梢要细，眉腰下缘较重。如果不小心画得眉色过深，可以用粉扑轻轻扑些蜜粉在眉上加以调整。

画眉时，晕染很重要。特别是眉头的处理，有时眉头画太浓，看起来就像是剪贴作品似的。因此，描画时要仔细染刷眉头与鼻影交接处，使之自然过渡至鼻梁，让眉和鼻梁产生一致性。眉头前端靠鼻梁处要自然成形，要往斜上方描绘而成，眉头的上缘向眉梢方向晕染，下缘可向鼻梁方向晕染，双眉眉头间要形成一个倒三角形，这就是画出自然眉头的关键。

画眉用的眉笔应该削成鸭嘴状，这样才容易描绘出自然的眉毛。因为画眉不是把眉毛部位涂上颜色，而是要描出一根根栩栩如生的眉毛。

想要画出最漂亮完美的眉形，建议用同色系一深一浅的两种眉笔或眉粉，会画出立体、自然、好看的眉色。

对于染发的化妆对象，千万别忘了眉色与发色的协调，这样，妆容才显得统一。

眉的描画是化妆步骤中的关键。要知道熟能生巧，初学者更需要常练常画。

步骤1　描画

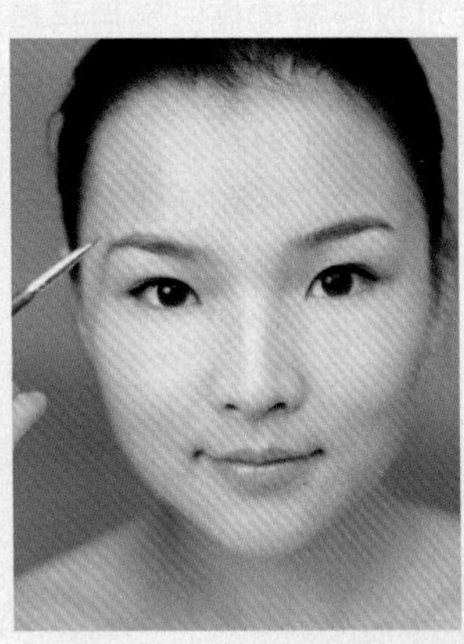
步骤2　刷匀

步骤3　成形

图 2-35　眉的描画步骤

（6）眉的矫正。以下是具有代表性的眉形的矫正。当然需要矫正的眉形远不止这些，但无论遇到何种眉形，都应牢记以下两点：一是要使其尽量接近标准眉形；二是要在原有眉形的基础上进行矫正，不能为了追求标准眉形而将原眉形完全抛开。

1）眉毛过于平直。过于平直的眉毛可将眉毛的上缘两端剃去，描出眉峰，使眉毛形成柔和的弧度。

2）眉毛太弯。眉毛太弯可剃去上缘中部，以减弱眉的弯度。并适当添画眉头上缘，抬高眉梢。

3）眉毛过挑。眉头低，眉梢太上扬，使人显得过于严肃。将眉头下缘和眉梢上缘的眉毛除去，描画时加补眉头上缘，眉梢降低。

4）眉毛过垂。眉毛微垂，给人和善感。但眉毛过垂就不够美观了。垂眉可以用修剪眉梢和自然降低眉头的描绘方式来改善。眉梢下缘较长的毛发可修剪，眉头上缘多余的杂毛也要加以修剪。眉峰尽量往上画，不要让眉毛下垂，当然也不要太夸张。

5）眉毛残缺。由于疤痕或眉毛天生有残缺，不完整。先用眉笔在残缺处淡描，再对整条眉毛进行描画。

6）眉毛过细。不要再修眉毛了，特别是眉头至眉峰部分。用眉粉来晕染眉毛的宽度，再用眉笔描画边缘，不要画得太明显。然后用透明睫毛膏沿着眉粉染出的幅度刷抹，让眉毛随着流向展开。

7）眉毛高而粗。这种眉毛可剃去上缘，使眉毛与眼睛之间的距离拉近些。

8）眉毛太短。这种眉毛显得不生动。可将眉梢修得尖细而柔和，再用眉笔将眉毛画长些。要注意前后衔接自然，眉梢应避免有不搭调的感觉。

9）眉毛太长。太长的眉毛可剃去过长的部分，眉梢不宜粗钝，剃眉梢的下缘，使之逐渐尖细。

10）眉毛太稀。稀疏之眉可利用眉笔描出眉毛，再用眉刷轻刷，使其柔和自然。不宜将眉毛画得过于平板，应该就原本的眉形发挥，不要硬套上一对格格不入的眉毛。也可以在画完眉毛后，将眉刷蘸上少许睫毛膏，由眉头往眉梢方向刷，就可以拥有自然浓密的眉毛了。

11）眉头太近。眉头太接近时，人显得紧张、不开朗，可剃去鼻根附近多余的眉毛，使眉头与眼角对齐。眉峰略向后描画。

12）眉头太远。眉头距离太远时人显得不精神，可利用眉笔将眉头描长，以缩小两眉之间的距离，注意眉头的自然刻画。眉峰略向前描画。

13）眉毛太乱。如果眉毛不规则地乱翘，显得散乱，缺乏轮廓感。可以先修整眉形，再用透明睫毛膏或专用胶水固定眉毛。

14）眉毛过淡。不要选择太细的眉形。用羊毛刷蘸棕色或灰色眼影粉，描画出基本眉形，然后用眉笔顺眉毛长势一根一根添画。这样使眉色显得自然。

15）眉色过浓。如果不小心将眉色画得过深，可用眉刷刷去多余的颜色，将颜色晕开。也可以用粉扑轻扑些蜜粉加以调整。如果是天生过浓，可以用粉底薄遮或扑蜜粉，也可以用透明睫毛膏刷后涂刷浅色眉粉，还可以直接用浅色眉膏涂刷。方法有很多，可以在实践中尝试。

16）∧字眉毛。眉峰的位置刚好在瞳孔正上方。将最高处的眉毛拔除三四根，向眉梢处挪动眉峰的位置，同时配合眉峰，调整粗细度，修整出有棱角的眉形。眉头上方要补描加粗，并且仔细晕开轮廓。

17）三角眉毛。上缘的修整方法与∧字眉相同。眉峰以下的部位则需要细心地修整，眉峰与眉梢之间形成柔缓的弯度。以弧形眉的要领描画，眉头上方要补描略加粗。

2. 眼的修饰

眼睛居五官之首，是面部具有感觉和表达功能的器官。在感觉形与色的同时，也在无声中不断表述着人们的各种情感（见图 2-36）。所以，眼睛被称为“心灵之窗”。眼睛的修饰是化妆中的重点，将直接影响整体妆容的成败。这不仅是因为眼睛在面部的重要性决定的，而且也因为眼睛本身的修饰描画较其他部位复杂，不易掌握。完美的化妆修饰可以为整体妆容增加活力，注入丰富的情感色彩。

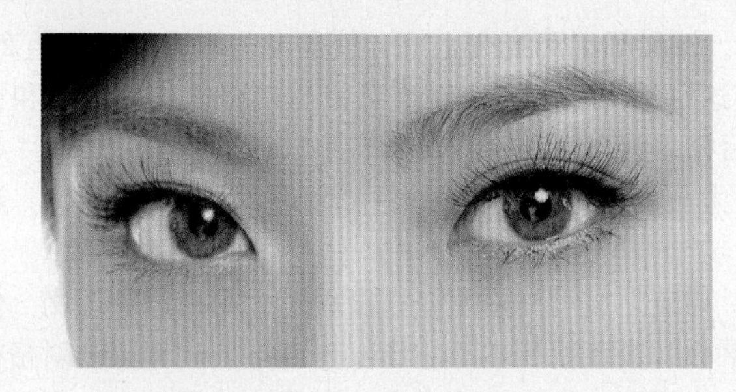

图 2-36 眼的修饰

如图 2-37 所示为理想眼形。眼的美感由眼的形状、上眼睑种类、眼的大小、眼的位置诸多因素决定。单纯强调某一方面，不能完全反映眼睛的美。以我国多数人的传统习惯来看，丹凤眼、杏眼比较理想，双眼睑比较理想；眼睛大比较理想；巩膜与虹膜黑白分明的比较理想（黑白对比强的眼睛容易传神）；两眼间距符合“五眼说”较理想；外眼角略向上斜、睫毛长而密较理想；眼皮厚薄应适中，太厚的眼皮外形显肿，太薄的眼皮外形凹陷、显老。

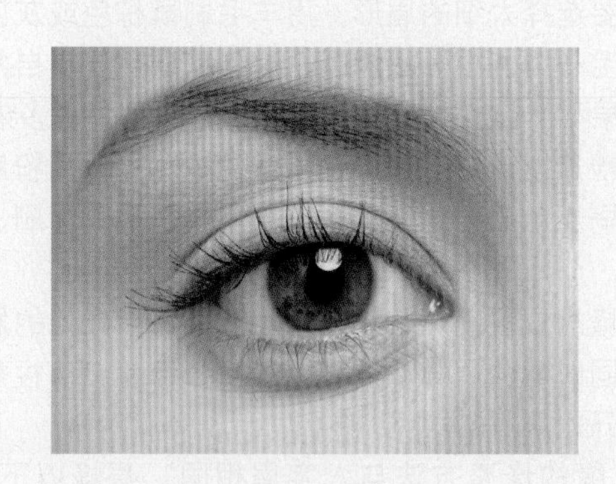

图 2-37 理想眼形

其实，眼睛的结构比例及外形与人种、遗传有密切关系。每个人的眼睛都与他人不同，不同的人又有不同的审美观与审美习惯，很难说有绝对的标准。眼睛的造型只有与脸形和五官比例匀称、协调一致才有美感。

眼睛的修饰主要由眼影的描绘、眼线的勾画和睫毛的修饰三部分完成。

（1）眼影的描绘。眼影的描绘是运用不同颜色的眼影粉在眼睑部位进行涂抹，通过晕染的手法和眼影色的协调变化，达到增强眼部神采和丰富色彩的目的；同时还可以矫正不理想的眼形和脸形。

1）涂眼影的正确位置。在涂眼影时先要确定涂抹的位置。一般来说，涂眼影的位置多在眼睑处，根据需要可局部或全部覆盖上眼睑。涂抹时要与眉毛有一些空隙，眉尾下部要完全空出。有时下眼睑也画眼影，位置在下睫毛根部，面积较小。

2）眼影基本涂抹方法。眼影的涂抹主要是通过晕染的手法来完成。也就是说，在画眼影时颜色不能成块状堆积在眼睑上，而是要有一种深浅的变化，这样才会显得自然柔和。

①眼影的晕染方法。通常眼影的晕染有两种方法：一种是立体晕染，另一种是水平晕染。

● 立体晕染。立体晕染是指按素描的方法晕染，将深暗色涂于眼部的凹陷处，将浅亮色涂于眼部的凸出部位。暗色与亮色的晕染要衔接自然，明暗过渡合理。立体晕染的最大特点是通过色彩的明暗变化来表现眼部的立体结构（见图 2-38）。

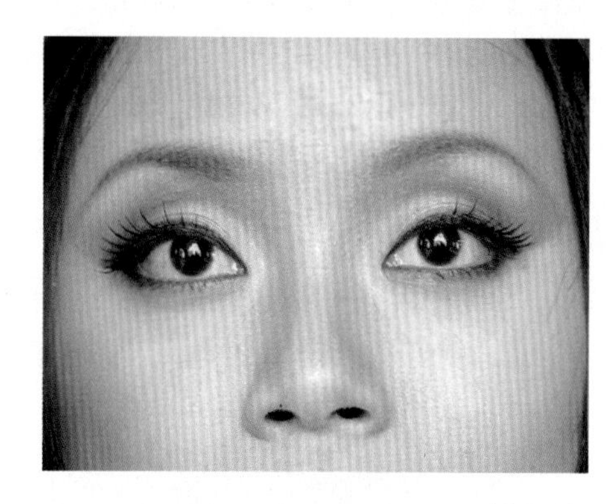
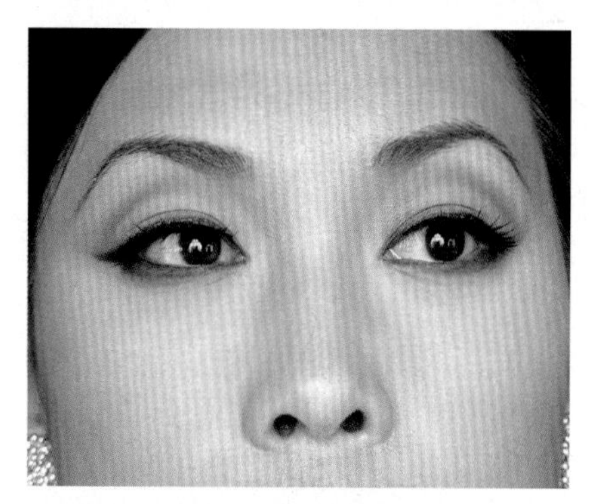

图 2-38　立体晕染

● 水平晕染。水平晕染是将眼影色在眼睑处渐层晕染。一种是纵向晕染，将眼影色在睫毛根部涂抹，并向上渐层晕染，越向上越淡，直至消失（见图 2-39）；另一种是横向晕染，色彩呈现出由深到浅的渐变（见图 2-40）。水平晕染的最大特点是通过表现色彩的变化来美化眼睛。

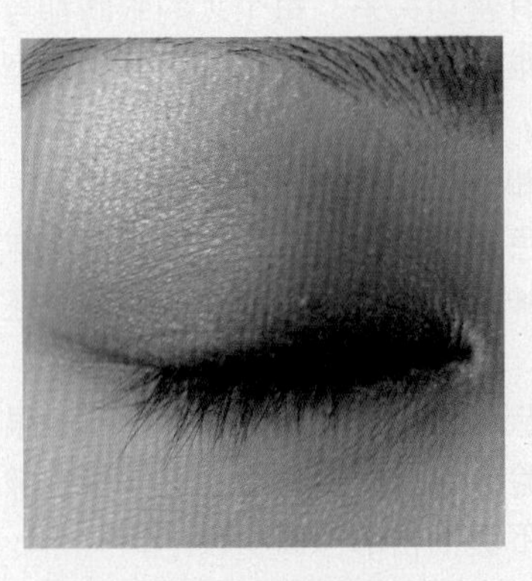

图 2-39　纵向晕染

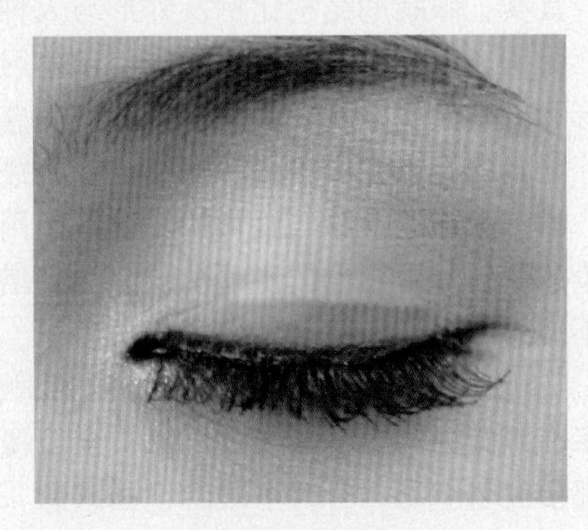

图 2-40　横向晕染

立体晕染和水平晕染两种方法没有绝对的界限，立体晕染中也常常包含表现色彩变化的内容，水平晕染中也常常要顾及眼部凹凸结构的因素，只是它们表现的侧重点不同。

②下眼睑眼影的涂法。眼影粉用量要少，涂抹时要特别当心，范围不偏离睫毛边缘，同样注意过渡，但涂抹范围不宜太细，否则会显得僵化，给人严肃的印象。用眼影棒或小号眼影刷涂抹。

外眼角往内眼角方向处涂上暗色系，使眼睛显立体（见图 2-41）；内眼角轻抹上亮色系，明亮闪耀的眼影使整个眼睛显明亮、变大（见图 2-42）。如果涂抹范围稍微加宽，更俏丽可爱。但下眼睑偏肿者慎用。

下眼影选色要注意与整体眼妆色相协调，否则会显突兀。如果组合得体，眼部的轮廓将更加明亮动人。

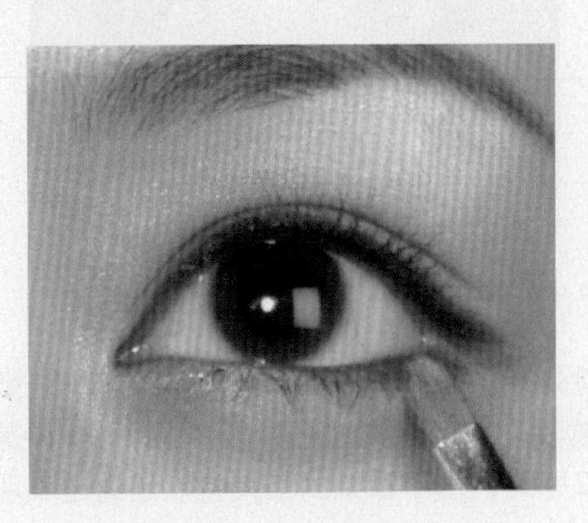

图2-41　外眼角

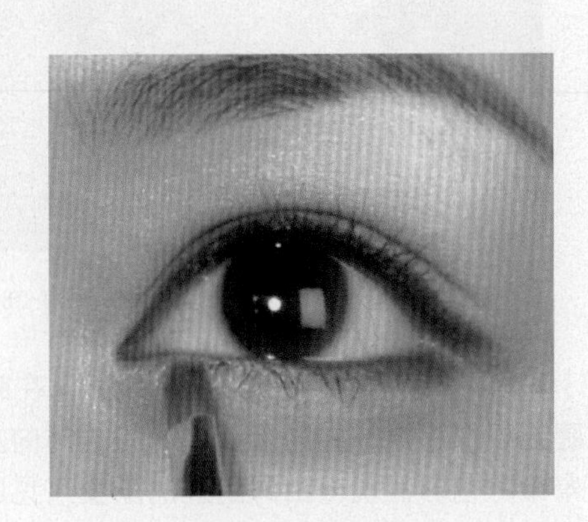

图2-42　内眼角

③亮光眼影的涂法（见图 2–43）。要涂出时尚又具未来感的亮光眼影，可将适量的亮光眼影（如高明度的金、银、白色系等）涂抹在眉骨和眼睛的中央，或是双眼皮内（如高彩度的篮、紫色等），这样便可制造犹如金属亮泽质感的眼部妆效。但是小心别涂抹过多，以免太油亮，弄巧成拙。

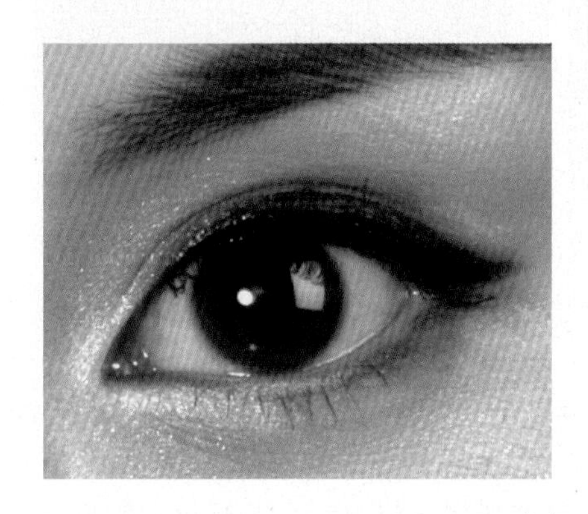

图 2–43　亮光眼影的涂法

3）眼影的基本搭配方法。眼影的搭配千变万化，多种多样，就常见的眼影搭配方法来说，属于水平晕染的有上下搭配法、左右搭配法。常用单色晕染，也可以用深浅色搭配晕染；属于立体晕染的有假双眼睑画法和结构画法，一般用多色搭配，装饰感较强。

眼影按色彩的搭配在后续章节内容“眼影与妆面的搭配”中有具体讲解。

①上下搭配法（见图 2–44）。这种搭配方法操作简单方便，实用性强。可将上眼睑分上下两部分进行涂抹，即靠近睫毛根部的部位涂一种颜色，在这层颜色之上再涂另一种颜色。一般也可用浅色涂满上眼睑的 2/3，后在贴眼线占眼睑 1/3 处涂上深色，再用笔刷过渡深浅色交界。

常用单色眼影，范围从睫毛边缘开始，到眉毛下方。自内眼角到外眼角，在睫毛根处涂一种颜色，然后逐渐向上晕染开。从上眼睑外眼角的睫毛边缘开始，朝内眼角方向慢涂。眼影与睫毛之间不能留空隙，也不要涂出外眼角太多。内眼角处的涂抹是朝外眼角方向慢慢涂抹。在睫毛边缘来回涂抹，直到浓度减淡为止，内眼角处用眼影刷的前端涂抹，干净利落，又不会弄脏下眼睑。顺着眼睑弧度的起伏，基本如小半圆般。从外眼角到内眼角，由下而上加宽幅度，缓缓向上涂抹，注意过渡自然，这样眼睛看起来才不会很突兀。

此法适合单眼皮、双眼皮、小眼睛、眉眼间距近、肿眼皮者的眼影描画，也适合较浅淡的妆型。

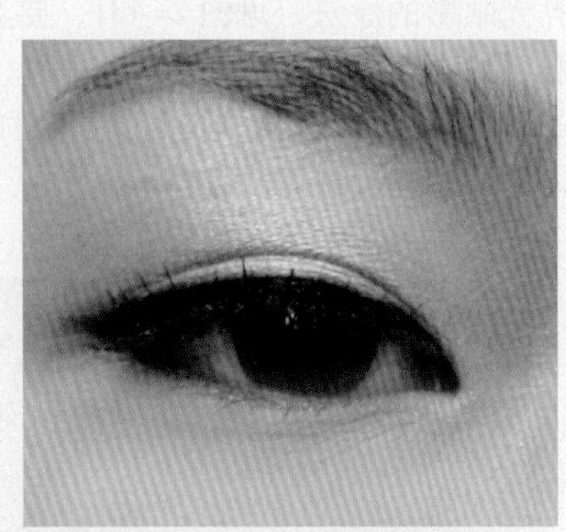

图2-44　上下搭配法

②左右搭配法（见图 2-45）。这种方法比上下搭配法色彩效果突出、装饰感强，立体的表现更深入。常用 1/2、1/3 搭配法。

涂抹范围：单眼睑、内双眼睑，色彩稍微外露。双眼睑，略超出双眼皮线褶皱处。眼睑深深凹陷的大双眼睑，双眼皮 1/2 处的宽度。在眉梢下方刷上明亮的珠光眼影，与眼睑处眼影衔接，过渡自然。

● 1/2 搭配法。将上眼睑分左右两部分进行涂抹，即靠近内眼角涂一种颜色，靠近外眼角涂另一种颜色，中间过渡要自然柔和。此种搭配法色彩明显，修饰性强。眼下垂者可用此法调整眼形。

● 1/3 搭配法。将上眼睑分为三部分，靠近内眼睑涂一种颜色，中间涂一种颜色，靠近眼尾再涂一种颜色。内眼角与眼尾的颜色可根据需要随意变化，但中间的颜色应使用亮色，目的是突出眼部的立体感和增加眼睛的神采。此法适合上眼睑较宽，用色余地大的眼睛。当眼睛外突时中间可用深色。

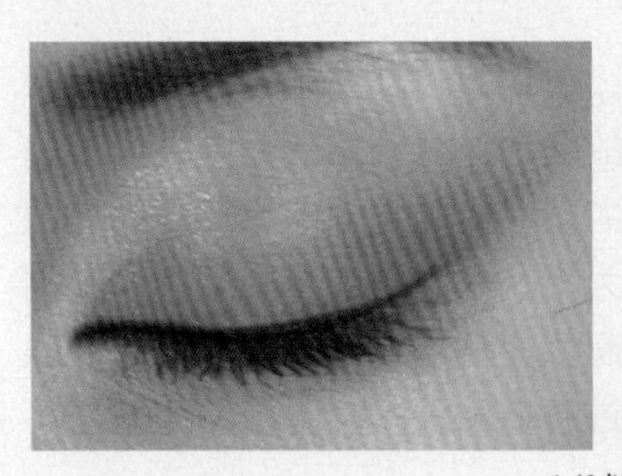
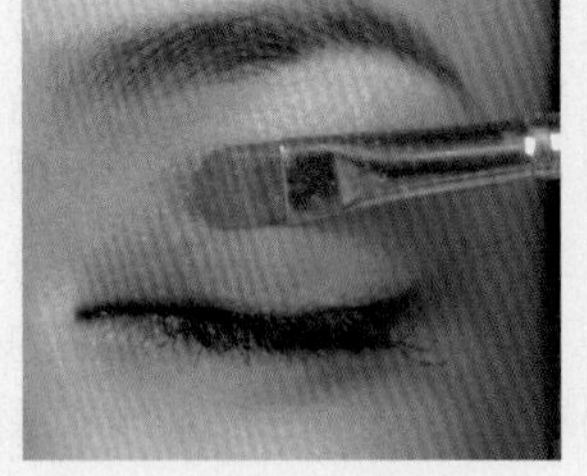

1/2搭配法

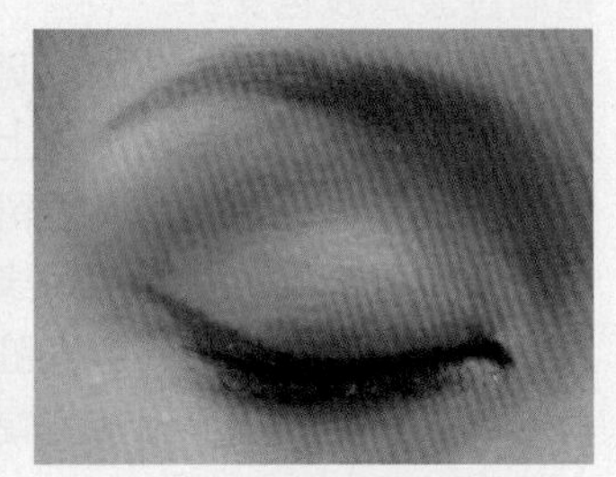

1/3搭配法

图2-45　左右搭配法

③假双眼睑画法（见图 2-46）。对于单眼睑或形状不够理想的双眼睑，在上眼睑处画出一个双眼睑的效果，称假双眼睑画法。具体画法是先在上眼睑上画一条线，这条线的高低位置要以假双眼睑的宽窄而定。如果双眼睑想宽一些，这条线就要高，反之，就低一些。涂眼影时注意，在画线以下部分涂浅亮的颜色，在画线以上涂深暗的颜色，暗色向上自然过渡。这样就会使假双眼睑的效果更逼真。这种方法一般在舞台妆中使用，生活中会显假。

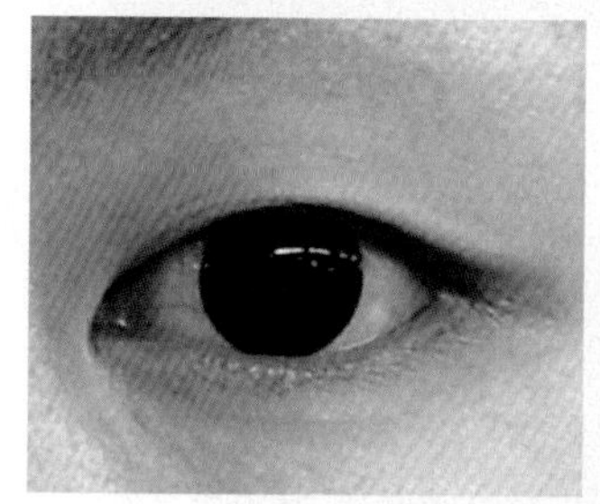
步骤1　原型

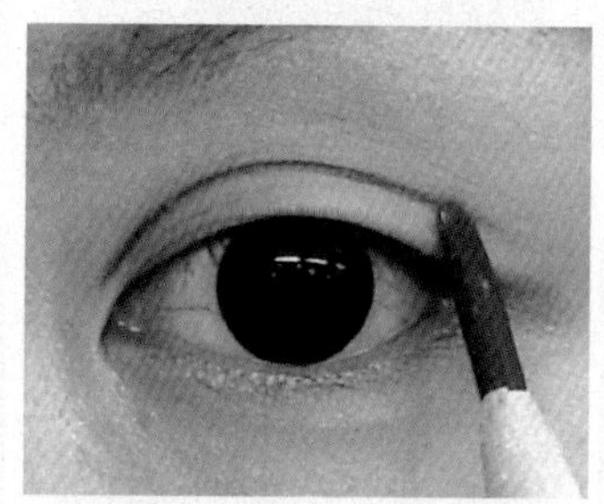
步骤2　画线

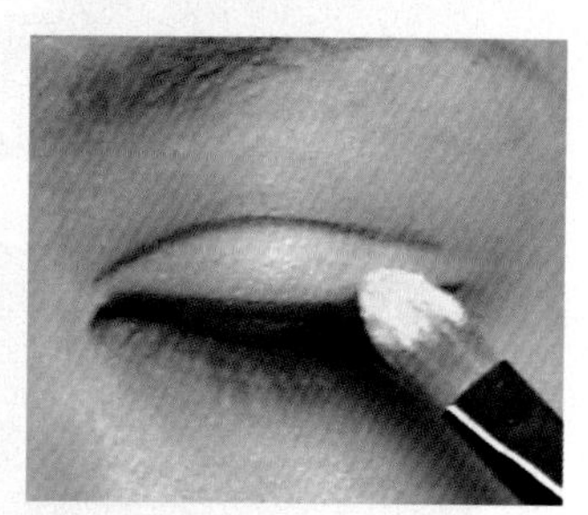
步骤3　线以下涂亮色

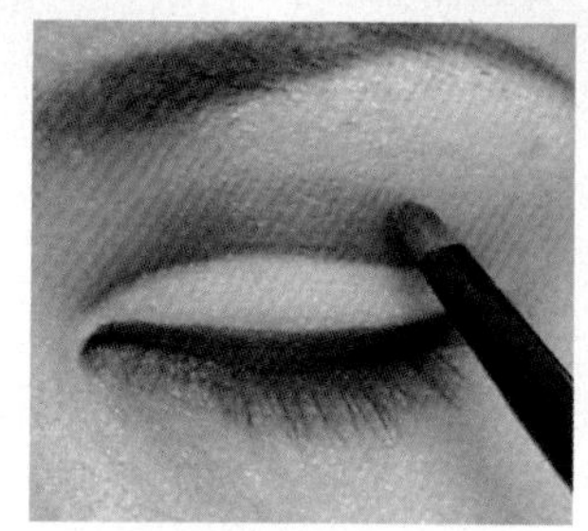
步骤4　线以上涂暗色

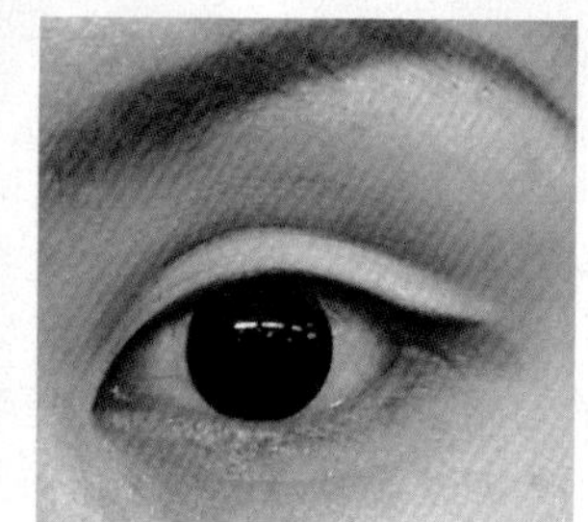
步骤5　完成

图2-46　假双眼睑画法

④结构画法（见图 2-47）。这是一种突出眼部立体结构的画法。主要是用阴影色和亮色眼影的搭配，强调眼部的结构。在需要凹陷的部位涂上阴影色，需要凸出的部位涂上明亮色。用色的搭配，可以用同种色，如深棕色和米色搭配；可以用相近色，如深蓝和浅绿搭配；可以用对比色，如深紫和浅黄。

具体画法：先用眼影刷蘸明亮色系眼影从内眼角开始，在眼窝内涂抹，后用眼影刷或眼影棒蘸取有收缩作用的深色系，涂在眼窝的凹陷处。靠外眼角处向内眼角方向晕染，颜色逐渐变浅，自然强调出眼窝处的阴影。注意眼窝及外眼角处的阴影与亮色自然衔接，有明显的层次感。接着，画上眼线，并将深色眼影涂抹于睫毛边缘。在眉梢下方，涂抹有高光作用的明亮色系的眼影。下眼睑处从外眼角至内眼角方向，用深色系眼影由深到浅过渡涂抹。靠内眼角处用明亮色系的眼影。

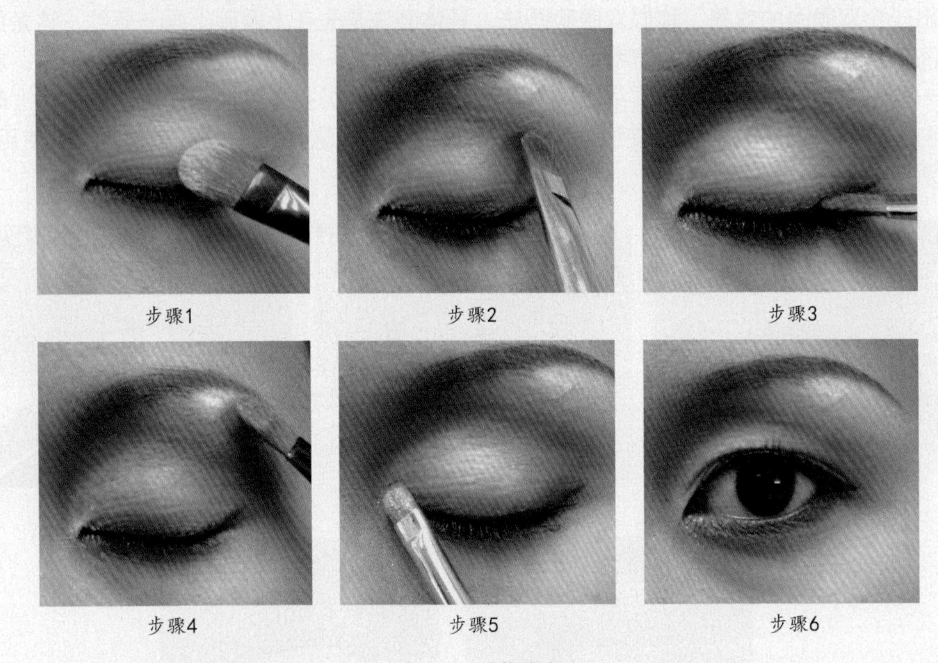
步骤1 步骤2 步骤3
步骤4 步骤5 步骤6

图2-47 结构画法

(2) 眼线的勾画。从观察中发现，睫毛浓密的眼睛其轮廓会自然形成一条细线，而睫毛稀少的眼睛周围就没有这条线。这条线对表现眼睛的神采有很大帮助，这便是画眼线的主要作用。

画眼线是用眼线笔在上下睫毛根部勾画线条，善用眼线，不但可以使眼睛轮廓清晰、有神，还可以矫正眼形，弥补睫毛不足、增强睫毛浓密感。

眼线一定要画在睫毛根处，长度要适合眼睛形状，一般比眼梢略长些。整体线条流畅，呈弧线形，与眉眼协调一致。

1）理想眼线（见图2-48)。一般来说，靠近内眼角的睫毛稀疏，而靠近外眼角睫毛浓密，且上睫毛较下睫毛浓很多，所以眼线的画法也就是遵循这一自然规律而形成的。

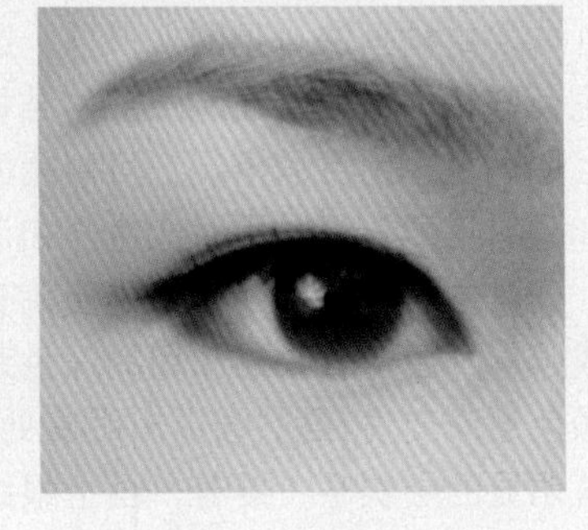
图2-48 理想眼线

理想眼线要画在睫毛根部、上下眼睑缘处、

由睫毛排列自然形成弧线处，上下眼线均从内眼角至外眼角由细到粗变化。上眼线粗，下眼线细。眼线的粗细比例一般是"上七下三，外七内三"。这样的标准是根据眼睫毛的自然生长规律来确定的。

2）眼线的描画。眼线的描画要格外细致，因为眼线离眼球很近，眼球周围的皮肤非常敏感，描画时不小心会刺激眼睛流泪，破坏妆面。应将笔芯稍微磨圆润些，不但使用方便，而且画出的线条也较优美，注意不要画出有断线的眼线。使用软笔芯，拉画时力道要放松，下笔要轻，除非是有特定需要的妆容。这样可以避免画出过重、过粗或过厚的眼线。也可以避免伤害眼部肌肤和眼球。描画时要不断让化妆对象睁闭双眼，确认眼线的形状是否合适。

①上眼线的描画（见图2-49）。画上眼线时，用拇指和食指，分别撑住内眼角和外眼角的眼皮，画出柔美利落的眼线。在紧贴上睫毛根部的地方画上眼线，内眼角处细、外眼角处较粗，向外小幅画出斜斜上扬的延长线，结束时画笔轻轻提起、自然收笔。当然，线条的长度和宽度要视具体妆型情况来定。

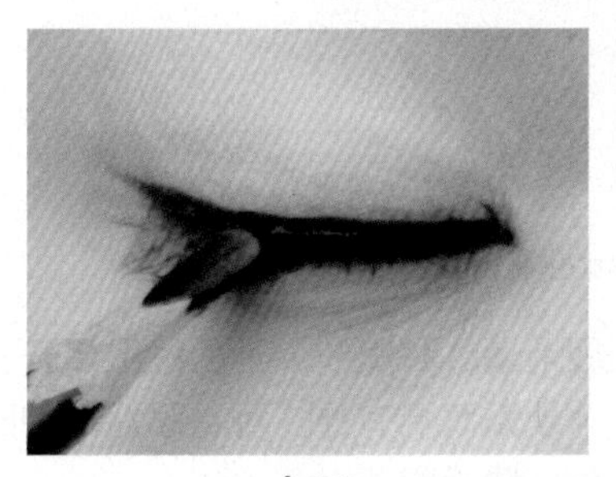
步骤1

步骤2

图2-49　上眼线的描画

让化妆对象下巴微抬，闭上双眼，拿眼线笔的手要固定支撑住，最好垫一粉扑。用另一只手在上眼睑处向上轻推，使上睫毛根充分暴露出来，眼睛向下看，然后从外眼角或内眼角开始慢慢地描画，要注意线条不要偏离睫毛根部。

画内眼角时，笔要尽量垂直贴放，下巴略往下拉。

画至中央时，因为眼球微凸，不易描画，可加以补画，应针对此处特别加以补描，平衡整体的粗细度。睫毛与睫毛之间和睫毛与眼线之间的空隙，可以用点画方式填满。

画至眼尾时，应轻轻用手向太阳穴处斜向拉提外眼角。然后用小刷轻轻刷顺，让线条更顺畅。上眼线不要画得过于纤细，否则会使眼睛显得更小。

随着全球复古风的流行，可以令双眼变得更加妩媚，神秘的下眼线亦开始备受推祟。利用眼线笔或眼线液就可以轻松地描绘出来；也可以用眼影笔蘸取和眼影同色的眼影粉，延着下眼睑的轮廓轻轻描绘出淡淡的色彩，可衬托出双眼的明亮有神，更具生气。

②下眼线的描画（见图2-50）。画下眼线时，要非常仔细。描画时力度要轻、手要稳。让化妆对象下巴微收，眼睛向上看，然后从外眼角或从内眼角开始描画。眼线要求整齐干净、宽窄适中。一般描画外1/3，具体长度和宽度也要看妆型，但不要画得过粗过黑。

图2-50　下眼线的描画

用细头棉棒在眼线外侧，左右小幅度轻轻滑动，将眼线笔画的眼线晕开，可以使眼线整齐自然，同时可使眼线保持更长时间。为使眼睛更有神，可将眼线笔和眼线液结合使用。用笔尖极细的液体眼线笔画在眼皮内侧，睫毛根部。

特别提示：

眼线沾到下眼睑时，可用棉棒擦拭。使用眼线液或眼线膏时，要趁干硬之前赶紧擦拭下眼睑，并用粉状粉底修补。

③内眼线的画法（见图2-51）。画在睫毛内侧的内眼线可以让眼睛更深邃，此外，依用色的不同，效果也大不相同。但眼部易敏感者慎用。同时对化妆师的技术要求也较高。描画的笔芯要有些圆度，用尖锐的笔芯描画，容易歪斜，既危险又不好用。选用质地稍软的笔芯，以滑动的方式描画，才不会太深或太粗。

●上眼睑的内眼线。让化妆对象闭上眼睛后，用手指轻按拉睫毛根部，使内侧清楚可见，然后描画眼线。

●下眼睑的内眼线。让化妆对象收缩下巴，以手指将下眼睑往下拉，用眼线笔由斜上方下笔描画内侧。

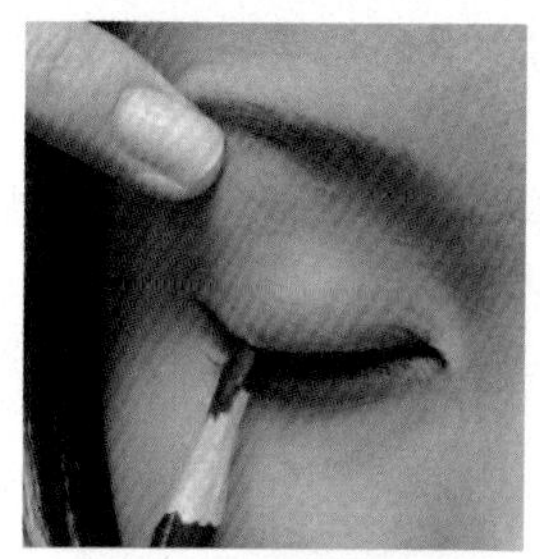
步骤1　上眼睑的内眼线

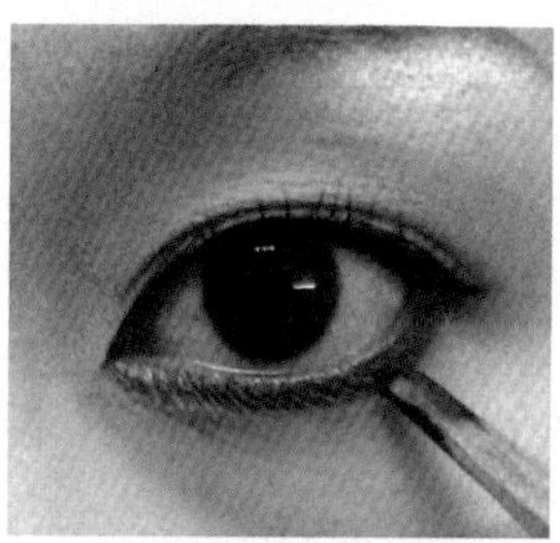
步骤2　下眼睑的内眼线

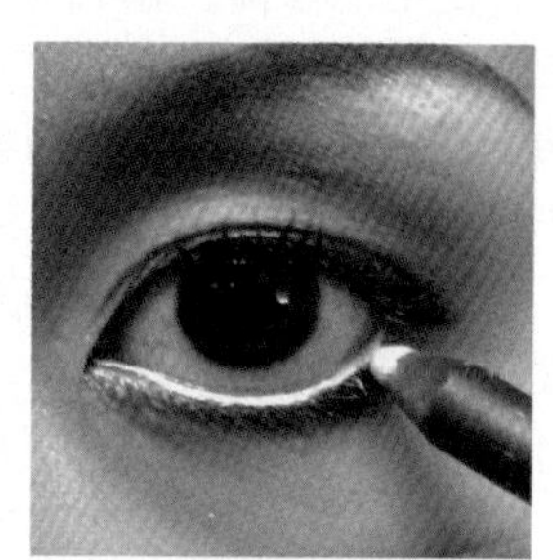
步骤3　下眼睑的内眼线（浅色）

图2-51　内眼线的画法

3）不同形态眼线的刻画（见表 2-23）

表2-23　不同形态眼线的刻画

眼线形态	描画范围	修饰效果
完整眼线	从内眼角至外眼角睫毛生长处	上眼线自然修饰，强调眼部。下眼线强化夸张眼妆，有抢眼的感觉，易有生硬感
中央眼线	眼睑中央部分，正视前方时黑眼球上下方，睫毛生长处	视觉上调节眼睛的宽度。使眼睛变大变圆，有可爱感
眼角眼线	由正视前方时黑眼球上方外侧画至外眼角。或由内眼角画至正视前方时黑眼球下方内侧	视觉上调节眼睛的长度和内外眼角的高度，帮助调整眼形 如内眼角处眼线的向外点画可缩短眼距，拉长眼睛。拉长外眼角处眼线，眼睛偏细长，有古典感。二者都弱化，可使眼变小变圆
内侧眼线	在上下睫毛生长线内侧描画	白色系，眼变大，亮丽，多用于下眼线。深色系，收缩眼睛，加强眼眶深度，使眼睛有神

4）眼线的颜色。眼线的颜色有很多种，如黑色、灰色、棕色、蓝色、紫色、绿色等。亚洲人由于毛发的颜色是黑色，眼线笔或眼线液的颜色最好挑选黑色、铁灰色及深褐色，这三种颜色比较适合东方人。但有时根据妆型设计的特殊需要也使用其他颜色。

（3）睫毛的修饰。睫毛具有保护和美化眼睛的作用。长而浓密的睫毛使眼睛充满魅力。亚洲人的睫毛比较直、硬、短，因而眼睛显得不够生动。修饰睫毛的主要任务是使其弯曲上翘，并且显得长密而柔软。

修饰睫毛要通过夹睫毛、涂睫毛膏和粘贴假睫毛来完成。夹睫毛，可以塑造睫毛的弧度。涂睫毛膏会使睫毛长而浓密，让眼睛大而有神。粘贴假睫毛可以同时达到以上两种效果。

1）夹睫毛和涂抹睫毛膏（见图2-52）

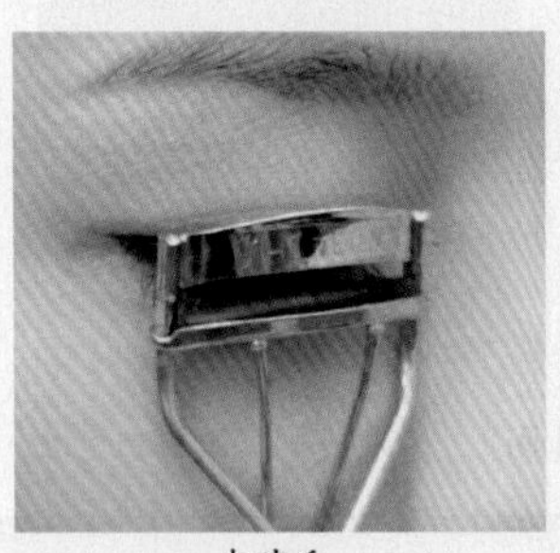
夹睫毛

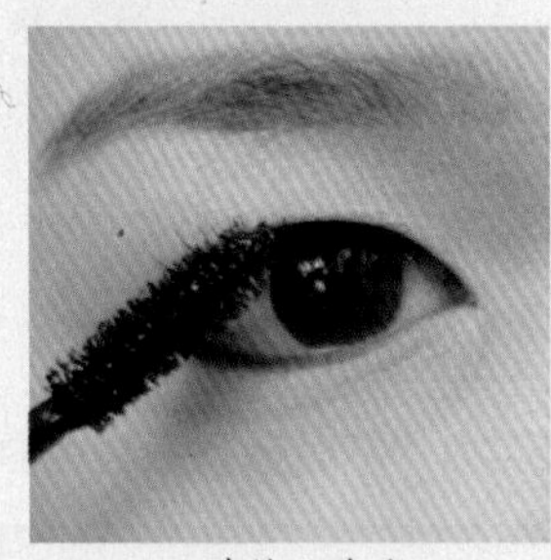
涂抹上睫毛

涂抹下睫毛

图2-52　夹睫毛和涂抹睫毛膏

①夹睫毛。直接用睫毛膏涂抹睫毛，效果有限。在刷睫毛膏之前，关键是一定要先夹睫毛，睫毛有卷翘的弧度后，眼睛的轮廓更清晰地展示出来，眼睛看上去大而立体。

操作时眼睛微向下看，分三个阶段塑造睫毛弧度：

第一，先用睫毛夹夹住睫毛根部，按垂直方向夹后松开使其卷曲，这里用力不要大，而要稳。

第二，可以用另外一只手的手指轻拉一下上眼睑，避免夹到眼皮，夹时也不要一下用力太猛，时刻注意化妆对象的反应，确认没有夹到眼皮再往下用力。这一步也一定要注意：睫毛夹必须推到睫毛根部才开始用力，否则夹好后睫毛弧度不圆顺，侧面看会出现难看的角度。

第三，按照由根部到梢部移动的顺序，分别从睫毛中部和睫毛梢部夹，使其弯曲，不移动夹子的位置连续夹数次，每次夹时都停留3～5秒，使睫毛形成自然上翘的弧线即可。

两侧睫毛不容易夹卷的，可以用小型局部型睫毛夹仔细夹，用力要轻柔。有时夹好的睫毛会粘成一束，用手指或眉梳拨弄散开成扇形。

一般，在涂好睫毛膏后不再夹睫毛，因为睫毛膏中含的胶水具有定型作用，涂后再夹容易使睫毛折断。

②涂抹睫毛膏。睫毛膏涂抹得好，睫毛仿佛自然天成般浓密卷翘，双眼明亮有神。涂睫毛膏时，手一定要稳，一次不要涂得太多，以免睫毛粘连在一起或弄脏眼睛周围皮肤。第一遍可以薄薄地涂，等第一遍干后，可以再刷调节睫毛的长度及粗细，但动作要快，否则容易形成凝块。

如果有睫毛粘连的情况出现，在睫毛膏未干时可用睫毛刷或睫毛梳予以梳整，避免睫毛膏纠结在一起，使睫毛保持自然状态，一根根的，灵巧动人。

运用螺旋状睫毛刷，只要左右轻摆，就能轻松除掉睫毛上的凝块，睫毛刷平放，由睫毛根部梳向梢部。

特别提示：

使用具有保护和隔离作用的睫毛膏底膏，可以给睫毛涂上一层坚实的保护膜，对睫毛产生强韧、加强、浓密等多重效果。

一旦涂睫毛膏时，碰脏了皮肤，趁睫毛膏未干时，用棉棒轻轻擦去。如擦不干净，可以少蘸一些清洁霜。

涂抹上下睫毛的步骤如下：

步骤1　涂上睫毛时，一般要从睫毛根部刷起。先蘸足睫毛膏，再视情形酌减，涂刷前，先让睫毛刷在容器中上下移动两三回，蘸取足量的膏液。

步骤2　用面纸将睫毛刷上过多的睫毛膏除去。聚集于刷子前端的膏液若不先除去，涂抹之后，睫毛经常会粘在一起或弄脏眼睑。

步骤3　眼睛微向下看，仔细地由根部刷起，睫毛刷由睫毛根部向下向外转动。

步骤4　眼睛平视，睫毛刷由睫毛根部向上转动。如果同时配合以左右小幅度的摆动方式，可以增加睫毛浓密度，但切不可太过用力，否则会沾染过量的睫毛膏。

整个眼部睫毛的刷饰，先是眼睛中部，再是眼头，最后才是眼角。

不同卷度上睫毛的刷饰重点和效果见表2-24。

表2-24　不同卷度上睫毛的刷饰重点和效果

刷饰部位	自然卷度的睫毛	夸张卷度的睫毛
内眼角至外眼角	为呈现自然柔和感，不强调内眼角处三四根睫毛的涂刷	眼睛大而亮，所有睫毛都进行刷饰
眼线的后1/3	可以突出眼睛的亮丽感，适合睫毛短硬、夹不出卷度的眼睛	华丽浓艳，增添眼部的立体感
外眼角的四五根	正视前方时眼尾最长的睫毛，使眼睛有轻快感	妩媚，动人，但要注意防止睫毛粘在一起
中央部位	侧脸时看到的睫毛最长处，可增添侧面时脸的生动感	眼神活泼生动，但要小心梳理，防止睫毛粘在一起

涂下睫毛时，要选择刷头较纤细的睫毛刷。因为下眼睑面积较小、睫毛短而少，刷时要特别小心别碰脏周围皮肤，因此务必先用面纸去掉刷子前端多余的睫毛膏。

刷时眼睛向上看，先用睫毛刷的刷头横向左右小幅度轻轻摆动，依眼睛中间、眼头、眼尾分三步涂抹睫毛的梢部，再由睫毛根部由内向外转动睫毛刷，一根根涂刷，睫毛刷与睫毛平行拿会比较好刷，只使用刷子前端。保持这种姿势，即使是短睫毛，也不怕弄脏下眼睑。

如果化妆对象有黑眼圈或是眼袋明显，最好不要刷下睫毛，以免看起来更加无神。还有，下眼睑比较外凸者，建议也不要刷，容易晕染开。

不同卷度下睫毛的刷饰重点和效果见表2-25。

表2-25　不同卷度下睫毛的刷饰重点和效果

刷饰部位	自然卷度的睫毛	夸张卷度的睫毛
内眼角至外眼角	呈现自然柔和感，增强眼神，眼变大。需细心处理	有个性，可将几根睫毛粘在一起
眼线的后1/3	眼神自然、亮丽。外眼角至内眼角刷染	眼尾有点下垂，欧化气质又惹人怜爱。外眼角至内眼角刷染

2）粘贴假睫毛。当化妆对象睫毛稀疏、睫毛较短或妆型需要时，可以通过粘贴假睫毛来增加睫毛的长度和密度，但在日常淡妆中要慎用。

粘贴假睫毛对于初学化妆的人来说会有一定的难度，操作时要注意假睫毛的修剪要自然，粘贴要牢固，在粘前要先将真睫毛夹翘，真假睫毛的上翘弧度要一致。具体步骤如图 2–53 所示。

步骤1　比对长度

步骤2　涂抹胶水

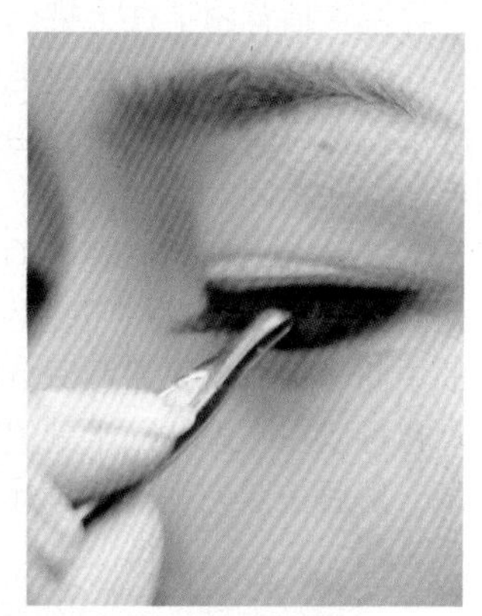
步骤3　粘贴

图2–53　粘贴假睫毛步骤

①比对修剪。假睫毛选好后，在粘贴前要根据化妆对象的睫毛情况修剪。

先将假睫毛和眼睛比对一下长度，用眉剪对假睫毛的宽度、长度和密度进行修剪，剪出幅度适中的假睫毛。假睫毛修剪应呈参差状，内眼角睫毛稀而短，外眼角浓而长。

如果假睫毛超过眼头，会很不自然。因此距眼头三四毫米的部位最好先剪掉。眼尾的假睫毛长度，只要比自己的睫毛长出一点点即可。如果长度差异过大，反而会很突兀诡异。这样修饰后的效果比较自然。

②涂胶水。先将胶水瓶口干硬的胶挤出，否则涂上这些干硬的胶液，假睫毛会很容易脱落。用手指将待涂胶水的假睫毛从两端向中部弯曲，使其弧度与眼球的表面弧度相符，便于粘贴。一手的食指与拇指捏住假睫毛，或用小镊子夹住。另一手将粘贴假睫毛的专用胶水涂在假睫毛根部的底线上，不能碰到睫毛。

胶水涂抹要薄而均匀，如果胶水涂抹过多，会令眼部产生不适感，或由于胶水太多不易干透反而造成假睫毛粘贴不牢。

等睫毛胶水半干后再进行粘贴。

③粘贴。假睫毛的粘贴有以下两种方法。

第一种：整体型假睫毛的粘贴。贴戴时，眼睛微张，用镊子夹住假睫毛，将其紧贴在自身睫毛根部的皮肤上，先贴中间，然后再由中间至两边按压贴实。

毛长较短的一端贴于眼头，较长的一端贴于眼尾。

戴睫毛时，通常是以同一边的手指夹住假睫毛，用另一边的手指来调整位置。

由于眼部活动频繁，内外眼角处的睫毛容易翘起，因此应特别注意假睫毛在内外眼角的粘贴。趁未干时，用手指轻轻将睫毛和假睫毛捏在一起，这样就会更牢靠。

再用食指背由下往上挑起睫毛，调整角度。

在假睫毛粘牢后，用睫毛夹将真假睫毛一并夹弯，使它们的弯度一致，否则会有两层睫毛，然后涂抹睫毛膏。由于此时的真假睫毛已融成一体，在涂睫毛膏时与上述涂真睫毛的方法相同。

第二种：局部用假睫毛的粘贴（见图 2-54）。可以粘贴或种植小簇假睫毛于真睫毛之间。取一簇假睫毛按照睫毛自然生长的状态稍加修剪，涂上胶水后将其轻放在两根睫毛的中间，最后反复涂敷深色睫毛膏，使睫毛浓密纤长。

也可以在眼尾粘贴半副假睫毛，效果自然。先将假睫毛剪出黑眼球外侧到眼尾间的长度。然后按照先粘黑眼球外侧、再粘眼尾处的顺序，将假睫毛贴戴上去。

图2-54　局部用假睫毛的粘贴

④补眼线（见图 2-55）。睫毛胶干了之后，若有明显的泛白或发亮等情形，可用细笔刷蘸眼线膏来修饰。而真假睫毛的衔接处，若有空白地方，也可以用细笔刷加以填补，使线条看起来更自然。

补眼线

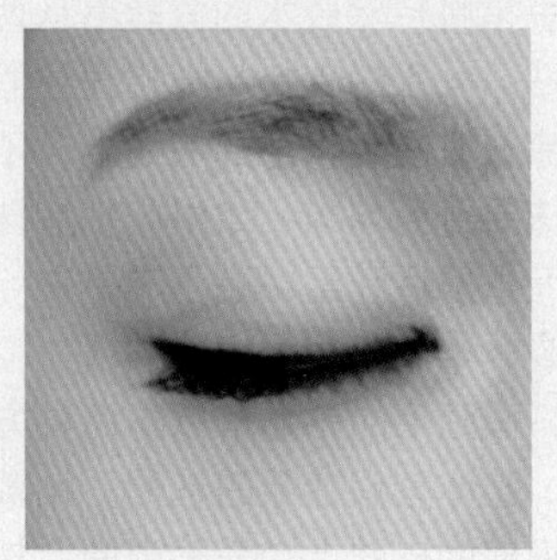

完成

图2-55　补眼线

⑤摘取。从眼部取下假睫毛，不能只拉住几根就往下撕，因眼睛处皮肤嫩会有损皮肤。可以用手指或小镊子捏住假睫毛中间或一端，轻而利索地向下拉。也可以用小手指轻挑起两头眼角假睫毛的底线，用指尖或小镊子捏住后慢慢揭起。

（4）常见眼形的矫正与修饰。眼形的修正主要是通过眼线和眼影来实现。例如，通过描画粗细不同、离睫毛根远近不同的眼线来改变眼睛的大小及眼角的上吊和下斜；利用眼影的深浅和描画位置的变化来弥补眼形的缺陷。

还可以通过粘贴假睫毛和美目贴修正眼形。画眼影和眼线是修正眼形的重点。

特别提示：

修饰某一部位时，不要仅局限于这个局部，还要注意整体协调，才能达到更好的效果。

1）双眼睑（见表2-26）。

表2-26 双眼睑

名称	大双眼睑	1/2内双眼睑	1/3内双眼睑	薄双眼睑
特征	明显的双眼睑	在上眼睑一侧的1/2处有双眼皮迹象	只在上眼睑一侧的1/3处有双眼皮迹象	双眼睑中不太明显的一种，内眼角有收紧感
修饰方法	可使用鲜艳色彩进行眼部化妆，使双眼更加醒目	细致描画眼线和眼影是修饰重点，或采用贴美目贴的方法	用眼线打造顺滑的眼形是修饰要点，或采用贴美目贴的方法	化妆时采用明快色彩点缀眼角，上眼睑眼影不要太宽，下眼睑眼影用明亮冷色调。画中粗较圆的眼线，如果眼睛够大，眼线描绘精致仔细。或采用贴美目贴的方法，眼睛正中的睫毛要卷翘，这些方法都可以加大眼睛

2）单眼睑、内双眼睑

①特征。单眼睑和内双眼睑眼部显肿、显小。

②最适合的眼妆。强调眼角洁净和眼尾的浓郁，上眼睑强调眼神，下眼睑点缀出明

朗感，并创造眼廓的清晰感和眼部立体感，可使眼睛娟秀细长，眼神妩媚动人。

③眼影。暗色眼影浓密地涂刷于眼睛边际，与眼线相接晕染成一个小月牙形，范围要小，可将此处的颜色粗细调整为张眼时可见 1～2 毫米，即朦胧又可扩大眼形，下眼睑靠眼尾约 1/3 的范围也涂上薄薄的暗色。并强调眶上缘的亮色，自然地与上眼睑的眼影连接。

下眼睑也可以选用明亮色系，可以塑造明亮又雅致的眼妆，也可令眼睛变大。同时加强睫毛的刻画是眼睛修饰的重点。

④眼线。可在上下眼睑画粗眼线以增大眼睛，注意眼头眼尾处上下眼线不相交略向外。

⑤睫毛。修饰要精细、长度适中、卷翘度明显。

如果属于薄单眼睑、内双眼睑重点是微上挑的眼线和微凹的眼窝。前者加上鲜艳色有可爱感。后者适合表现知性、有成熟魅力的双眼。

3）过吊眼睛、过垂眼睛（见表 2–27）。如是微上吊眼形，可塑造成独具中国魅力的凤眼。准备两种深浅不一、色系相同的眼影色。上眼睑涂抹淡色眼影，上下眼尾处涂以深色眼影。用眼线膏或眼线液画上清晰的眼线，外缘部分略加晕染。以纤长型睫毛膏增加眼尾的长度，下眼睑的眼头则涂上珍珠白眼影。

表2–27　过吊眼睛、过垂眼睛的对比

	过吊眼睛	过垂眼睛
特征	外眼角明显高于内眼角，眼形呈上升状，目光显得机敏、锐利。如眼形上升明显，会使人产生严厉、冷漠的印象	外眼角明显低于内眼角，眼形呈下垂状。眼略下垂者显得和善、平静，如果下垂明显，使人显得呆板、无神和愁苦、衰老
修饰方法	采用柔美和舒展眼角的化妆法	采用柔美和舒展眼角的化妆法
眼影	内眼角上侧、外眼角下侧的眼影描画应突出些，可使上扬的眼形得到改善	内眼角眼影色要暗，面积要小，位置要低，外眼角眼影色要突出，并尽量向上晕染
眼线	描画上眼线时，内眼角处略粗，外眼角处略细。下眼线的内眼角处细浅，外眼角处粗重。且眼尾处的下眼线不与睫毛根部重合，而是在睫毛根的下侧	描画上眼线时，内眼角处要细浅些，外眼角处要宽，眼尾部的眼线要在睫毛根的上侧画。下眼线内眼角处略粗，外眼角处略细
假睫毛和美目贴	粘假睫毛时靠外眼角处要比真睫毛的边线向下一点，这样可使严厉的目光变得婉约	眼尾处用美目贴和假睫毛提升外眼角。美目贴靠外眼角处宽，假睫毛靠外眼角处要比真睫毛的边线向上提一点

4）过细长眼睛、过圆眼睛（见表2-28）。

表2-28　过细长眼睛、过圆眼睛的对比

	过细长眼睛	过圆眼睛
特征	眼睛细长会有眯眼的感觉，使整个面容缺乏神采	内眼角与外眼角的间距小。圆眼睛使人显得比较机灵，但也会给人留下不够成熟的印象
修饰方法	上眼睑的眼影强调眼睛中央以增加眼睑的高度	舒展、拉长内外眼角，减弱弧度
眼影	下眼睑眼影从睫毛根下侧向下晕染略宽些	上眼睑的内、外眼角的色彩要突出，并向外晕染，上眼睑中部不宜使用亮色。下眼睑的外眼角处的眼影用色要突出并向外晕染
眼线	上下眼线的中间部位略宽，两侧眼角画细些，不宜向外延长。在眼下用米白色眼线涂在深色眼线内侧，可增大、突出眼睛	上下眼线加强内、外眼角处的刻画，两侧眼角画粗些，适当向外延长。中部弧度平、线条纤细
睫毛	适合自然、精致的睫毛，适当加强眼中部睫毛的卷翘度和长度。可在眼中部粘贴局部假睫毛	适合在外眼角处粘贴几簇或半副假睫毛，适当减弱眼中部睫毛的卷翘度和长度

5）过大眼睛、眼大无神、过小眼睛（见表2-29）。

表2-29　过大眼睛、眼大无神、过小眼睛的对比

	过大眼睛	眼大无神	过小眼睛
特征	眼裂过宽，人显得比例失调，或眼大无神，或过于严肃	眼虽大，但没有神采。使脸显平淡，给人印象不深	眼裂较窄，人显得比例失调，小眼睛使人显得不宽厚
修饰方法	简单的眼妆	突出、加强眼神的方法	多用单色眼影进行修饰，适合层次式的眼影，下眼线处晕染些眼影粉会比较时髦

续表

	过大眼睛	眼大无神	过小眼睛
眼影	应避免艳色，选用偏灰的中性色。眼影修饰面积小，弱化眼部	用深浅眼影搭配，使眼睛深邃。加上珠光眼影配合使双眸更炫目	一般用收敛色，由睫毛根部向上方晕染并逐渐消失。还可用假双画法，用亮色涂刷在上眼睑近眼廓处，后环绕至下眼睑，加大眼部的面积。至于暗色，则是沿着亮色边际涂成长弧形，强调横向宽幅
眼线	一般要细一点。如黑眼球比较小，可画灰黑色内眼线	配合精致清晰的眼线，强调眼睛轮廓	外眼角处的上下眼线略粗并呈水平状向外延伸。在眼下用米色眼线涂在深色眼线内侧，可增大、突出眼睛
睫毛	弱化睫毛修饰	刻画浓密睫毛加强眼神。稍短的自然粗眉能强调、突出眼部神采	睫毛卷翘度是关键，不宜太过浓密，会挡光线，眼睛反而没神。也可用美目贴使眼睛显大

6）过肿眼睛、过深眼窝（见表 2-30）。

表2-30 过肿眼睛、过深眼窝的对比

	过肿眼睛	过深眼窝
特征	上眼睑的脂肪层较厚或眼睑内含水分较多，使人显得松懈没精神、缺乏活力、看起来不美观	优点是眼部立体。缺点是显老气，有疲劳感，年老时更显得憔悴
修饰方法	上眼睑以层次方法收敛	丰满眼窝，突出、加强眼神
眼影	用偏冷棕色系晕染，眼影的颜色绝对不宜选用红色系，否则会加重肿度。也不适合用蓝色系，会有青肿感。眼影色不宜涂太厚，适合用暗色，从睫毛根部向上晕染并逐渐淡化。在靠近外眼角的眼眶部、眼下部、眉弓处、鼻梁处涂亮色，使眼周的骨骼突出，从而削弱上眼皮的厚度感	第一种化妆法：眼窝处眼影用亮色；眉骨提亮要适当，不要用太多光泽眼影 第二种化妆法：凹的地方用浅淡暖色，眼尾凸出的地方用少量深色眼影贴着眼角画
眼线	上眼线的内外眼角处略宽，眼尾略上扬，眼睛中部的眼线细而直，尽量减小弧度。下眼线的眼尾略粗，内眼角略细	眼线要自然，这样就变得丰满柔和，显得秀丽了
睫毛	可增加睫毛的修饰，让眼睛明亮有神	刻画浓密睫毛加强眼神。稍短的自然粗眉能强调、突出眼部神采

7）过肿眼袋

①特征。下眼睑脂肪堆积，有浮肿感。使人显得苍老，缺少生气。

②最适合的眼妆。眼影色宜柔和浅淡，眼部刻画不宜过分强调。

③眼影。一般应选用咖啡色和米白色。

④眼线。上眼线的内眼角处略细，眼尾略宽。下眼线要浅淡或不画。

还可用转移视线的手法，加强脸部其他部位的色彩装饰，同时加强脸部立体结构塑造。

8）过近眼距、过远眼距（见表2-31）。

表2-31　过近眼距、过远眼距的对比

	过近眼距	过远眼距
特征	两眼间距过小，面部五官看似较集中，给人以严肃、紧张甚至不和善的印象	两眼间距过宽，使五官显得分散，面容显无精打采，松懈迟钝
修饰方法	靠近外眼角的修饰是描画重点	靠近内眼角的修饰是重点
眼影	靠近内眼角的眼影用色要浅淡，加强外眼角处的阴影，要突出外眼角眼影的描画，并将眼影向外拉长，使眼部显疏朗	靠近内眼角的眼影是描画重点，要突出一些，内眼角外侧可适当提亮。内眼角处的鼻侧影也可强调，但不要向外扩散。外眼角的眼影浅淡些，且不能向外延伸
眼线	上眼线眼尾处加粗加长，近内眼角处眼线细浅；下眼线内眼角部分不画，描画整条眼线的1/2或1/3长，靠外眼角部分加粗加长	上下眼线在内眼角处都略粗一些，外眼角处相对细浅一些，不宜向外延长
睫毛	加重外眼角睫毛的刻画	加重内眼角睫毛的刻画

9）左右眼大小不同

①特征。左右不对称，影响了面部协调感。

②最适合的眼妆。眼睛大小的均匀，全靠深色眼影的宽幅涂刷和眼线的描绘来调整。

③眼影与眼线。准备深浅不同的颜色。首先，两眼都涂以浅色眼影，涂幅一样。接下来，在较大的眼睛的睫毛际抹上深色眼影，并画上眼线，幅度要细。另一只较小的眼睛，眼影和眼线的描绘都要宽一点、粗一点。便可让眼睛看起来大小一致。要不断地眨眼睛，确认两边的浓度调和。

10)疲惫双眼、眼部多皱纹(见表2-32)。

表2-32 疲惫双眼、眼部多皱纹的对比

	疲惫双眼	眼部多皱纹
特征	无神,倦怠,影响了整个面容的精神	眼部多皱纹会使人显衰老,一般可用化妆技巧来掩盖,但不是靠厚厚的粉底来掩盖,否则皱纹会更显眼
修饰方法	加强眼部眼影、眼线、睫毛的化妆,让眼妆更鲜活	眼部用滋润型粉底液薄涂,手法为用指尖轻按,使粉底更服帖
眼影	可用稍亮丽的眼影色	重点突出眼影的亮色处理
眼线	用黑色眼线强化眼神。用珍珠白的眼线,在下眼睑眼线内缘画上线条	眼线描画清晰顺畅。眼部多皱纹画眼线容易走形,可以让化妆对象先睁着眼确定眼线的形,再让其闭眼后细描
睫毛	卷翘睫毛,使用黑色睫毛膏凝聚眼神,上眼睑中央及下眼睑靠眼头处,睫毛膏要刷浓密些	卷翘睫毛,使用黑色睫毛膏凝聚眼神。上眼睑中央及下眼睑靠眼头处,睫毛膏要刷浓密些

3. 鼻部的修饰

鼻子呈三角形锥体,位于面部正中央,占据了面部的最高点,它的立体构造,使它在面部显得突出又显著,是面部凹凸曲线最明显的标志,具有重要的审美意义,也是评价面部美特征的重要对象。对人们的容貌起着至关重要的作用,尤其在观察一个人的侧面时,鼻子的高度、长度、宽度等作为脸的中心,其本身就是脸部平衡之所在。挺拔、俏丽的鼻梁,可舒展脸部的比例,给予人既雅致又独具魅力的印象。鼻子几乎决定了脸是生动还是平板,高雅冷傲的气质尤其需要鼻子的衬托。

在进行鼻子修饰时,特别要注意美化的同时,在视觉上要与面部其他部位的立体感和谐一致,才完整统一。

鼻部的美化主要通过影色和亮色来完成,影色涂于鼻子的两侧,称为鼻侧影,亮色涂于鼻梁部位,这样修饰可增加鼻部立体感或改变鼻形。同时,鼻侧影也可以与眼影相融合,增加色彩修饰效果。

(1)理想的鼻形(见图2-56)。鼻由鼻骨和鼻软骨构成,可分为鼻根、鼻梁、鼻翼、鼻尖、鼻孔等几部分。

美学分析,理想的鼻子形态一般为鼻梁挺拔,鼻尖圆润、微翘,鼻翼大小适度。鼻形与脸形比例协调。标准鼻形鼻子的长度为脸长度的1/3。鼻根部位于两眉之间,鼻梁

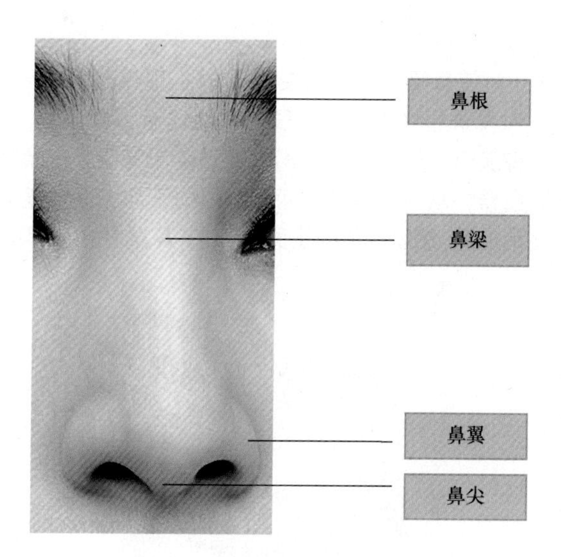

图 2-56 理想的鼻形

由鼻根向鼻尖逐渐隆起，鼻翼两侧在内眼角的垂直线上，鼻的宽度是脸宽的 1/5。但最主要还是与脸部五官和谐为最美。

（2）生活中常见的几种鼻形

1）鹰钩鼻。也称驼峰鼻。鼻梁上端窄而突起，鼻尖过长、下垂，呈尖端状向前方弯曲，呈钩形。面部缺柔和感，给人以阴险狡诈的感觉，不易让人接近。

2）蒜头鼻。鼻尖和鼻翼都圆而肥大，往往鼻孔宽大。鼻头肥大使女性看起来粗犷，缺乏灵气，平庸。

3）小尖鼻。鼻形瘦长，鼻尖单薄，鼻翼依附鼻尖，展开度不大。这种人鼻形不饱满，看上去小气、不大方。

4）狮子鼻。形如狮鼻，鼻子宽度过大，鼻梁宽阔、扁平，鼻翼及鼻孔大而开阔，这种鼻形在我国南方多见，显粗犷、严肃感。

5）塌鼻梁。鼻梁低，鼻根部低平，鼻尖圆钝。这种人眼鼻间缺少层次，脸显扁平，给人以缺乏活力、疲倦的感觉。

6）鼻子过长。鼻子长于面部的 1/3。看上去比例失调，脸显长，人显得过于成熟，有呆板感。

7）鼻子过短。鼻子长度短于面部长度的 1/3。往往伴有鼻梁塌陷、鼻尖上翘、鼻孔朝天。看上去比例失调，脸显短，人显得过于幼稚。

8）鼻梁歪斜。鼻梁没有位于面部中线及鼻正中部位，而是向两侧偏斜。严重影响了脸部美感。

（3）鼻的修饰方法

1）鼻的基本修饰。为使鼻梁显高和改变鼻部的不理想部分，更好塑造眉眼和脸形，使妆容协调、美丽，在对鼻进行修饰时，一般在鼻两侧涂饰鼻侧影，在鼻梁上进行提亮，常选择棕色、浅棕色、棕灰色、棕红色、紫褐色、褐色作鼻侧影。涂时，用手指或化妆海绵或用眼影刷蘸少量影色粉，从鼻根沿鼻梁两侧开始向下涂，颜色逐渐变浅，直至鼻尖处消失。在靠近内眼角处稍加深，然后在鼻梁正面涂亮色，鼻梁就会显得突出了（见图2–57）。

图2–57 鼻的基本修饰

2）为使鼻的修饰自然，应注意以下几点：

①鼻侧影的色彩需和谐，要尽量柔和、深浅适度，鼻侧影与鼻梁部的亮色及面部的皮肤衔接要自然柔和。不能形成僵硬的两条色条，否则会显得失真。

②鼻侧影的上方要与眉头相融合，靠眼窝处深一些，越向鼻尖部越浅。

③画鼻侧影时要先确定好位置，一次蘸色不要太多，要薄而匀，避免把妆面弄脏。多次涂改，也会使妆面显脏。

④鼻侧影一定要对称。

⑤鼻梁上的亮色与鼻侧影的宽度都要适中。

⑥鼻的修饰要因人而异、因妆而异，多用于鼻形有问题者。鼻梁太窄和鼻梁高者不必涂鼻侧影。眼窝深陷者也不宜涂。两眼间距过近者涂鼻侧影会使两眼间距显更近。一般在浓妆中适用，淡妆要慎用。

（4）各种鼻形的矫正与化妆。对不同的鼻形，鼻侧影和提亮色的使用也不同。

1）鹰钩鼻。脸部适合淡妆。从内眼角旁的鼻梁两侧至鼻中部涂抹浅鼻侧影色，鼻尖部涂影色。鼻根部及鼻尖上侧涂亮色，鼻中部凸起处不涂亮色。

2）蒜头鼻。眉头至鼻中部和鼻翼两侧处，涂抹浅阴影色。在不涂抹鼻影处的鼻梁上，向鼻尖抹上亮色。

3）小尖鼻。鼻尖的两侧和鼻翼进行适当提亮。

4）狮子鼻。从鼻根部延续至鼻翼用浅鼻侧影色。注意鼻梁不要过细。

5）塌鼻梁。自眉头往鼻尖方向涂抹鼻影色，并向眼角方向晕染。在眉头和眼角之间要略宽些。在左右眉间中央鼻梁处向鼻尖施亮色。

6）鼻子过长。适当降低眉头，从内眼角旁的鼻梁两侧至鼻中部涂抹浅鼻侧影色，鼻尖部涂影色。

7）鼻子过短。鼻侧影上端与眉头衔接，向下直到鼻尖，提亮色从鼻根一直涂抹至鼻尖处。

8）鼻梁歪斜。以脸部中心线为标准，通过阴影色、提亮色的刻画，使鼻梁尽可能端正。但要注意修饰不要过分，过重的阴影色和亮色反而会引起别人的注意。

4. 唇的化妆

嘴唇，在解剖学上指上、下唇与口裂周围的面部组织，分为上唇和下唇。它由皮肤、肌肉、疏松结缔组织及黏膜组成。上唇正中央为人中。上唇结节上方有两个凸起的峰，称唇峰。这个部位的形状和位置在化妆中决定了唇形。下唇的中部较凸出，它的下沿有明显的轮廓。红色的口唇部称红唇，是抹唇膏的部位。以上所说的几个有特点的结构是嘴唇化妆的重要部位。

嘴唇和眼睛一样，是脸部表现美感的重要部位，具有丰富的表情色彩。它颜色红润而显眼，娇艳柔美的红唇使嘴唇散发出无比的吸引力，和明亮动人的眼睛相辉映，是女性风采的突出特征之一，使女性面部及形象更具迷人的魅力和生气。合适的化妆可使唇具有个性色彩，并有助于矫正嘴形。而且，不同的颜色或质感，都能营造出不同的视觉效果与风格。

唇的化妆技巧较其他部位相对简单，关键在于口红颜色的选择和唇形的确定。

（1）理想的嘴唇（见图2-58）。嘴唇的轮廓很清楚，上唇较下唇稍薄又微翘起，呈弓形，下唇略厚，大小与脸形相宜。

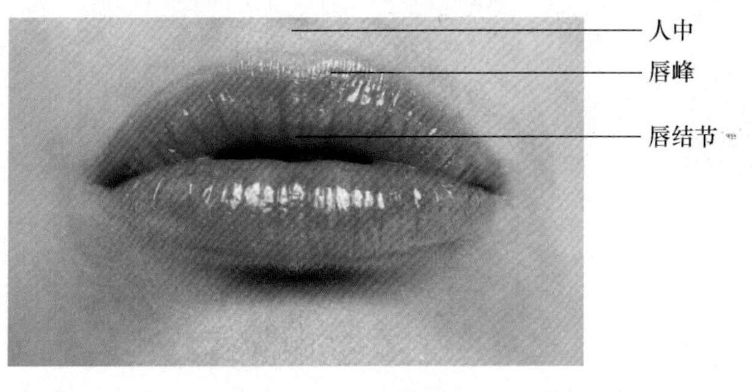

图2-58　理想的嘴唇

唇结节很明显，两端嘴角微向上翘，整个嘴唇富有立体感。

标准唇形的唇峰在鼻孔外缘的延长线上；唇角在眼睛平视时眼球内侧的垂直延长线上，下唇中心厚度是上唇中心厚度的两倍。

（2）生活中常见的几种唇形。嘴唇的外形与内在骨骼、肌肉有关。骨骼形状、位置的差异，口轮匝肌的厚度、大小，以及牙齿的形态都会直接影响唇的形状。

生活中常见的唇形有下列几类：

1）厚嘴唇。分上唇厚、下唇厚和上下唇肥厚，唇峰高。如果嘴唇肥厚度超过一定范围，则给人以外翻的感觉。这种唇形使人不够秀气，显得不灵敏。

2）薄嘴唇。指红唇部较薄，分上唇薄、下唇薄和上下唇均薄，唇形平直、少曲线感，特别是上唇，唇峰不明显，唇峰低，缺少柔和、饱满、滋润感。给人以单薄、刻板的印象。

3）嘴角上翘型唇形。略上翘的嘴角，一般给人微笑的感觉。

4）嘴角下挂型唇形。指口裂呈两端向下的弧形，给人忧郁之感，缺少活力。

5）尖突型唇形。唇峰高，呈薄而尖突的嘴唇，唇廓线不圆润，影响面部立体美。

6）瘪上唇。如果上牙床位于下牙床的内侧，就会引起上唇瘪、下唇突的形象（俗称"地包天"），外观为上唇薄、下唇厚。

7）小唇形、大唇形。嘴唇太小或太大，都会使脸部失去正常比例，特别是会影响脸形的美感。如嘴过小会使脸显得更大。

（3）唇的描画方法

1）唇的基本描画法。唇的描画主要分描画唇线和涂抹口红两步（见图2-59）。

步骤1　描唇峰

步骤2　定位唇底线

步骤3　连接唇线

步骤4　涂刷口红

图2-59　唇的基本描画法

主要有以下三种方法：

方法一：先用唇线笔细致均匀地将上下唇线勾勒出来。画唇线时，先由上唇峰开始向嘴角描画，将下唇线一笔画出后，再用唇线笔上一层色，淡化轮廓生硬感，并可使唇膏色持久。然后将唇膏涂满唇部。使用此法画唇，嘴角的轮廓鲜明突出，但应注意唇线与唇膏要重合自然，让唇线变得自然又立体，避免唇线太明显。

方法二：直接使用唇刷蘸唇膏描画唇线和涂唇色。拿着唇刷沿上唇自左右唇峰至左右嘴角轻轻且均匀刷过。下唇部分也要来回均匀涂抹开来。若有抹出唇线的口红，可用棉花棒轻拭去。口红过多时，用吸油面纸覆在唇上抿去即可。这种画唇法使唇显得自然柔和。

方法三：通过唇色的变化增加立体感。以深浅不一的同色系口红及唇线笔，营造出饱和润泽的唇色及线条。这是一种能突出唇立体效果的画唇方法。具体操作是先用颜色深一些的唇线笔画唇线，口角两侧要加重描画，然后用外深内浅的涂法，深色勾勒轮廓，浅色填充将唇涂满，深浅色一定要用唇刷刷匀。最后在唇中部涂上浅色亮光唇膏（可选用白色、银灰色，甚至金黄色），可展现光泽又饱满的美唇效果。最后用纸巾轻按唇部，将过多的油质吸去。为了增加唇的透明感，可稍涂一些珠光口红，涂时做适当的涂抹，或者只抹中央突出亮光就行了。

特别提示：

描绘唇色时，事先要做滋润保养工作。

2）唇彩的运用。现在流行使用唇彩修饰唇部，与传统的口红使用方法有所不同。

①唇膏加唇彩。若想让唇妆更持久动人，可以用唇膏加唇彩修饰的方法。

先涂抹一层色彩饱满、具有亚光效果的唇膏，然后再将透明或比唇膏颜色稍淡的亮彩型唇彩均匀涂抹在双唇上，或点在唇中央慢慢晕开，不要涂满双唇。这样既可以起到修饰唇形、增强唇妆质感的作用，又可令双唇更具立体感，颜色也更加浓重亮泽，娇艳欲滴。

②唇彩的单独使用。使用当前流行的唇彩时，可以用唇刷或手指直接抹在双唇上。将唇彩扫满双唇与局部上色，效果会截然不同。

将唇彩涂在下唇中间再轻抿双唇，让上唇也能沾到唇彩，然后用手指将唇彩往唇周围推开，这样便可做到有淡淡的光泽，效果比较自然。

若是想营造清新自然的效果，可以用手指蘸一点浅色唇彩，从唇中间轻轻晕开，不必勾画唇形，使其看上去浑然天成。

在上唇彩之前，用粉底液在双唇上先打底，然后再涂上半透明唇彩，可以遮掩唇纹，使双唇看起来更加柔嫩平滑。

（4）各种唇形的矫正与化妆

1）厚唇形（见图2-60）。修饰时，用比肤色略暗的粉底或遮盖膏掩盖唇廓或涂满唇部，一定注意和脸部肤色自然衔接，基本保持唇形原有长度。在原唇廓的内侧画出曲线分明的理想唇线，可增添俏丽感，一般往里画1～2毫米。口红选择深色或冷色以增加收敛效果，避免使用鲜艳色、珠光色和油质感的口红。

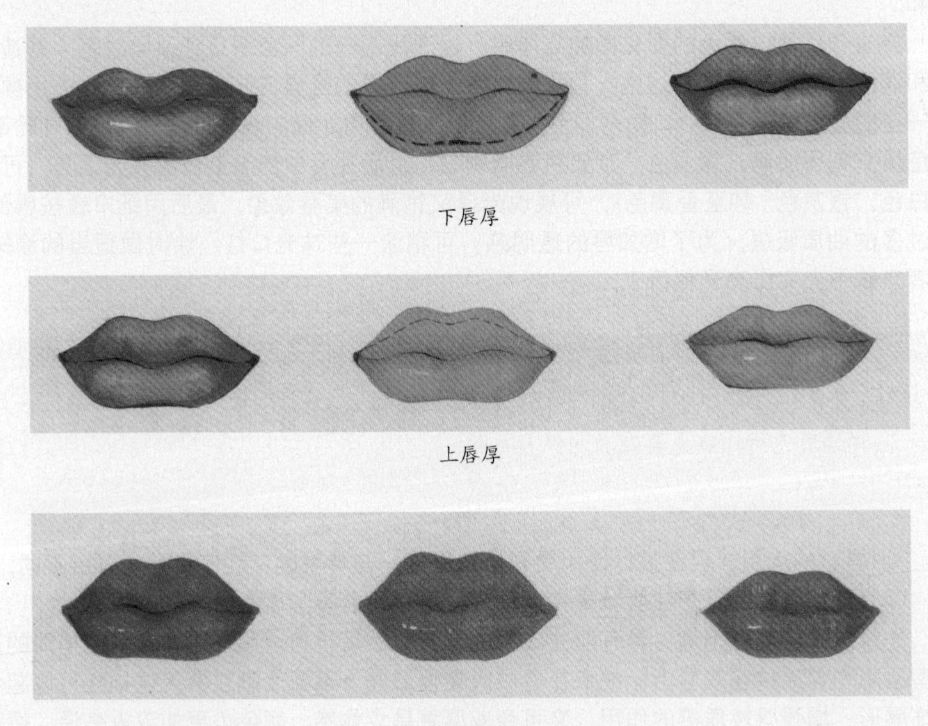

图2-60　各类厚唇形

2）薄唇形（见图2-61）。修饰时，基本保持唇形原有长度。在原唇廓外侧画出曲线分明的理想唇线，使其扩展为圆润、丰满的造型。口红选浅色、艳色或暖色以增加扩展效果，唇色可用珠光和油质感强调高光效果，增加立体感。如原来的唇线很清晰最好用稍深的口红。

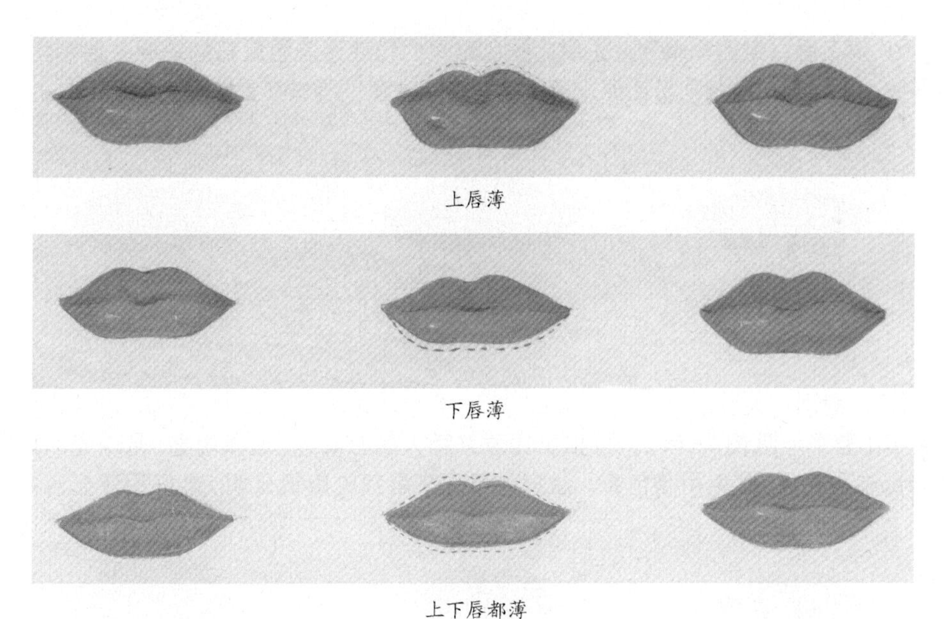

上唇薄

下唇薄

上下唇都薄

图2-61　各类薄唇形

3）嘴角下挂型唇形（见图2-62）。用比肤色略暗的粉底遮盖原来的唇线和嘴角，然后用唇线笔描绘清晰的唇形，上唇线平缓些，下唇线圆润，唇角适当上扬。为了达到收敛效果，下唇色要深于上唇色，不宜用太鲜亮的口红。

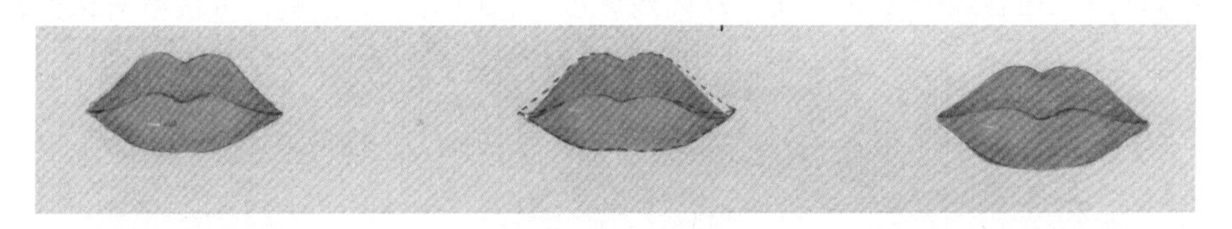

图2-62　嘴角下挂型唇形

4）尖突型唇形（见图2-63）。沿着原来唇形的嘴角外侧勾画新轮廓，上下唇线可平直些，以缩减唇部的突出感。口红宜选择暗色调。

图2-63　尖突型唇形

5）瘪上唇（见图2-64）。先用比肤色略深的粉底遮盖唇底部的轮廓，上唇画出自然唇线，下唇则在内侧画出比原来薄小的唇形。注意下唇口红宜选择稍暗色调。

图2-64　瘪上唇

6）小唇形、大唇形

①小唇形（见图2-65）。可描出比原来稍大的唇廓线，选择明亮、带珠光的口红，使唇部丰盈光泽，避免用暗色系。注意如果原来唇线轮廓很分明，最好用亚光色口红。

图2-65　小唇形

②大唇形（见图2-66）。先用比肤色略深的粉底遮盖唇部轮廓，再描出比原来稍小的唇廓线，在唇线内涂抹口红，外侧用深色系，内侧用浅色系，可使唇有柔美的立体感。

图2-66　大唇形

5. 面颊部的化妆

面颊，也称脸颊，是人们表达真实情感的部位。红润光泽的面颊，也是自古以来人们衡量貌美的重要标志之一。

面颊位于面部左右两侧，上起颧凸、眶下，下至下颌角，是骨骼起伏交错的部位。由于颊部肌肉较肥厚，在外形上只能看见颧丘、颧弓、下颌角等几个凸起的部位。

颊部的美主要表现为紧致的柔美感。面颊美与青春紧密相连，其形与色大体以二十多岁时为最理想。其外形因人种、性别、年龄不同而有很大的差异。中国人的颧骨一般比较宽，颧丘靠近脸的外侧，颧弓与颧面的转角弧度大于 90 度，形成宽而扁平的面颊。

特别提示：

面颊是整个面部中受妆面积最大的部位，它直接影响着人的视觉感受，所以面颊的化妆要特别精心。

腮红是面颊化妆的重要所在，用腮红来美化肌肤，可以弥补肤色的不足，使人看上去健康、有神采。虽然腮红不像眼影、口红的色彩那样丰富多彩，但却能表现出意想不到的效果。有强化面部立体结构、矫正脸形的作用。还能在整体妆容中起到装饰、强调作用，使女性气质娇艳，芳容生辉。

(1) 理想的腮红。生活中的腮红看上去自然红润，清淡为宜，搭配眼影、口红、服装适量使用。理想的腮红位置在颧骨上，笑时面颊能隆起的部位。

一般情况下：纵向看，腮红向上不可高于外眼角的水平线，向下不可低于鼻底的水平线；横向看，腮红向内不超过眼睛正视前方时的 1/2 垂直线，也就是不要超过瞳孔中央内侧。根据脸形和化妆造型的具体情况，腮红的位置和形状会有相应的变化。

(2) 腮红的描画。腮红的正确描画可以衬托面部，给予一种柔和的色调光彩，有助于修饰出最佳的脸部轮廓。腮红的描画主要是通过腮红刷的轻巧晕染来完成的。晕染是腮红修饰的重点和难点，使用不当，反而会毁了整个妆的效果。操作中用腮红刷侧面蘸少量腮红后扫过脸颊，在腮红的中心位置向四周轻快晕开，然后再蘸再晕，直到颜色符合标准为止。如果将刷子以直角方式接触脸部，可能会使妆偏浓或不匀。

1) 两种常用描画方法（见图 2-67）

①传统画法。属成熟修容画法。用刷子由内向外扫在颧骨上。越接近耳朵处颜色越深。使脸部更为立体。

②流行画法。属青春亮丽画法。在两腮（即微笑时脸部最突起的两块肌肉处）打圈涂匀，此形状的腮红多用清新的亮色，如粉色系、橘色系。少量涂刷有自然清新效果。明显涂刷有娃娃般的甜美感。

传统画法

流行画法

图2-67 两种常用描画方法

2）晕染过程中的注意事项。一次不要蘸取腮红太多，刷子上的腮红要先在手背或面纸上拭去一些，以免蘸取的量过多使腮红过深或成块，显得面部呆板、不自然。

刷腮红时不要太用力，欲速则不达，要轻柔。先了解面颊的形状，确认腮红的起点与终点位置后再刷抹，才能刷出自然而立体的腮红。腮红与发际之间不要留有空隙。对不同脸形和不同效果的腮红涂法来说，这都是相当重要的。

腮红的晕染效果要达到自然、真实，应是中心颜色深，而四周逐渐变浅直至消失，腮红与面色浑然成为一体。这样的晕染给人一种从内向外透出的红色，自然而真实。如果腮红画成一个色块，给人的感觉会像面颊的一块浮色，生硬而失真，也达不到想要的效果。

膏状腮红先用手蘸取少许，涂抹于两颊上，再用指腹以画圆方式轻缓地晕开，然后用蜜粉或同色系的粉状腮红修饰，完妆后效果会更自然。

边确认整体脸部妆容效果边刷染，才能真正突显出立体感以及肌肤的美感。要边刷边确认位置及腮红的浓度。轻快地刷，不要停顿，这样颜色才不会太浓，肤色才会呈现出粉嫩明亮的感觉。

浓度不足时，用刷子再蘸点腮红，从头刷起，不要从一半的地方上色。如果腮红太浓，就用干净的粉扑、化妆棉或面巾纸轻按，去除颜色，或用蜜粉进行柔和过渡，就可淡化了。

3）各种脸形腮红的涂法（见表2-33）。腮红的作用之一是修饰脸形，因此在涂抹腮红之前应该研究一下化妆对象的脸形，然后确定如何涂抹。

一般来说，利用腮红的形与色的改变所产生的视错觉作用来修饰、矫正脸形。

简单来说，增加腮红纵向的斜度有拉长脸形的视觉效果，而横向发展的腮红有缩短脸形的视觉效果。浅淡、鲜艳、暖色腮红在视觉上有膨胀效果，偏深、偏灰、偏冷的腮红在视觉上有收敛效果。

表2-33 各种脸形腮红的涂法

	椭圆形脸	长形脸	圆形脸	方形脸	倒三角形脸	正三角形脸	菱形脸
传统画法	涂成斜向的三角形，脸看上去较成熟	三角形的腮红，一定要小而短	斜向上的尖锐三角形，脸看上去较长，并可收紧面颊	腮红的位置可较大，向上涂抹成三角形，使脸瘦长些	腮红以面颊下半部为中心。水平浅色腮红使脸下半部看上去丰满些	腮红以面颊上半部为中心。由外眼角处起始，向下抹涂，令脸上半部分拉宽些	靠外眼角处抹涂，令脸上半部拉宽些。在高颧骨上涂收敛的腮红色，有削弱高颧骨效果
流行画法	涂成圆形，脸看上去甜美、可爱	横向椭圆腮红，视觉上有拉宽面部、缩短脸形的效果	脸颊正中涂圆形，突出、强调可爱脸形	涂成圆形，脸看上去较甜美、柔和	横向椭圆腮红，视觉上有拉宽脸下半部的效果	不合适在脸颊正中施打腮红，会突显脸形缺点	面颊下半部为中心，脸颊凹陷处，颜色要淡，使脸形柔和些

2.3.6 修妆和补妆

当整体妆面完成后，化妆师应该站远些仔细观察，检查妆容的整体效果。

主要是细看妆型、化妆技法、妆色的搭配是否协调，整体和局部的刻画是否对称和准确，各局部颜色的晕染是否均匀，妆容与服饰、发型是否协调等。如果不足要及时调整修改。在有需要时，还要特别注意带妆过程中妆容的补画，如新娘妆等。补妆时从最易出油的部位开始，而且补妆次数要少，口红要卸除后补，眼部、眉毛等局部要小心补上。

补妆的最基本方法是（见图2-68）：先用吸油纸吸除脸部多余油脂，然后补粉，最后卸除口红再抹上。

步骤1 吸油

步骤2 补粉

步骤3 补口红

图2-68 补妆的最基本方法

1. 修补底妆

（1）处理脸出油问题。妆色退落，脸色变黯淡，可用吸油纸轻按脸部，吸取多余油脂，切忌用力过重，吸干净后再用喷雾补水。或者薄施散粉，在T区用粉扑上剩余的粉扑一扑。不需要重新上粉底，否则会使妆变得过于厚重。

（2）调整粉底脱落问题。如果原来的肤色已显露，就该补粉底了。用洁净的粉扑轻推眉头、鼻头、颧骨等粉底容易堆积的地方，再补上粉底或蜜粉。

（3）鼻翼、眼角处的补妆。带妆久了，鼻翼、眼角油脂分泌旺盛，小细纹也会明显。用折起的粉扑将凹陷部位的粉底涂匀。或用棉棒清理油脂，用吸油纸吸干净再扑蜜粉补画。

2. 修补眼妆

（1）将脱落的眼影重新涂匀。用指尖轻按，从眼角到眼梢的方向将脱落的眼影涂匀。

（2）去除脱落的睫毛膏。用棉棒蘸少许卸妆水擦拭处理沾在下眼睑的睫毛膏。

（3）用遮瑕笔遮盖眼袋。上一步骤会使粉底少许脱落，可用遮瑕笔修饰，并遮盖眼袋。

（4）使用光泽感眼影提神。在眼梢处涂少许带有珍珠光泽的眼影粉有助于“提神”。

3. 修补眉妆

（1）重新描绘眉妆脱落部分。将眉妆脱落部分用眉笔描深即可。

（2）眉影粉强调圆润感。用眉影粉认真覆盖，特别应注意眉梢处的描画。

4．修补唇妆

唇妆脱落或不匀时，先将唇部及其周围擦干净，用粉底在唇周围弥补脱落的底色，特别注意消除唇角阴影。

有必要时用唇线笔重新勾勒唇线，再用口红仔细涂抹整个嘴唇。

5．修补腮红

吸去颊部油脂后，用大号粉刷蘸浅色腮红轻刷面颊。

单元小结

本单元主要讲解了生活类常用化妆品和工具的选择与使用、生活化妆的基本审美依据、化妆的基本步骤。

化妆品和工具是生活化妆的两项重要物质条件。化妆品和工具的选择是否得当，直接影响化妆的理想效果。因此，化妆师要了解化妆品和工具的种类、性质和作用，具备选择和鉴别化妆品和工具的能力，并能熟练使用。这样才能在化妆工作中运用自如，手到妆成，并能在实际操作中进一步掌握要点、正确选择和使用，为熟练化妆技术打下基础。

生活化妆是在人自身客观基础上进行化妆修饰，扬长避短，从而达到美化的目的。所以，首先要掌握面部美的规律特点，才能更好地掌握化妆手法和技巧。

选择了合适的化妆品和工具，不注意化妆步骤和化妆技巧还是不能成功，化妆步骤和化妆技巧直接影响着妆容的效果。

化妆方法和基本步骤有其规律，但在实际运用中要灵活多变。应该依据化妆对象的实际情况随时调整技巧与手法。初学化妆时要先了解并掌握好化妆步骤与方法，在积累一定经验后，就可根据化妆对象的外形和气质以及不同场合的需要，设计出魅力十足的特色妆型。

职业技能鉴定要点

行为领域	鉴定范围	鉴定点	重要程度
理论准备	常用化妆品的选择与使用	粉底的选择与使用	★★★
		蜜粉的选择与使用	★★
		腮红的选择与使用	★★
		眼影的选择与使用	★★★
		眼线笔、眼线膏、眼线液的选择与使用	★★★
		眉笔、眉粉、眉膏的选择与使用	★★★
		唇线笔的选择与使用	★★
		唇膏、唇彩的选择与使用	★★
		睫毛膏的选择与使用	★★★
	常用化妆工具的选择与使用	化妆海绵	★
		粉扑	★
		化妆刷	★★★
		修眉工具	★★★
		睫毛夹	★
		假睫毛和美目贴	★★★
	生活化妆的基本概念及特点	生活化妆的定义	★★★
		生活化妆的特点	★★★
	生活化妆的基本审美依据	皮肤	★★★
		脸形	★★★
		面部基本比例	★★★
		面部立体结构	★★★
	化妆基本步骤	整体构想	★★
		洁肤-润肤	★
		底色的修饰	★★★
		定妆	★★★
		局部的刻画	★★★
		修妆与补妆	★★★
	常见脸形的修整	圆形脸	★★★
		方形脸	★★★
		长形脸	★★★
		正三角形脸	★★★
		倒三角形脸	★★★
		菱形脸	★★★
	五官及局部的修整	眉形	★★★
		眼形	★★★
		鼻形	★★★
		唇形	★★★

单元测试题

一、简答题

1. 简述按颜色划分的粉底种类及其作用。
2. 简述按粉底形态划分,粉底有哪些类型。
3. 简述眼线笔、眼线膏、眼线液的异同。
4. 简述眼影的水平晕染与立体晕染的区别。
5. 简述生活化妆的基本审美依据。
6. 简述圆形脸、正三角形脸、菱形脸的特征。
7. 简述菱形脸腮红的几种修饰方法。
8. 列举三种常见的脸形，简述其修整方法。
9. 列举三种常见眼形的特征及其修饰方法。
10. 列举三种常见眉形的特征及其修饰方法。
11. 列举三种常见鼻形的特征及其修饰方法。
12. 列举三种常见唇形的特征及其修饰方法。
13. 解释何谓“三庭五眼”。
14. 解释何谓“理想眉形”。
15. 解释何谓“理想唇形”。

二、操作题

1. 脸形修整练习。
2. 局部修饰练习（重点：皮肤的修饰、眉的修饰、眼的修饰）。
3. 生活化妆基本步骤练习。

第3单元
绘画基础理论与化妆

引导语

不同的艺术使用着不同的语言。如中国画以笔墨表达意境，音乐以乐音抒发情怀，舞蹈以肢体动作表现节奏。生活化妆的目的是塑造和美化人物形象，以满足人们对美的需求，具有鲜明的实用性和审美性。从构思到体现，从意象到具象，完成的是一个基本造型的创作过程，化妆造型作为造型艺术的一种，其表达的语言也很丰富。其中，点、线、面、体、质、色是化妆造型的基本语言。

所以，绘画是化妆造型的基础。扎实的绘画基本功的训练和基础理论的学习，能够培养学员敏锐和正确的观察能力；能进一步认识、体会、掌握美的基本原则、基本规律和表现技能；能在化妆造型过程中灵活运用绘画造型语汇，准确表现形态、比例、明暗、色彩、质地等综合视觉效果。

总之，绘画对于一名专业化妆师来讲，既是能力也是修养。第一，相关的绘画基础知识对化妆造型来说是必不可少的理论基础；第二，绘画的很多技法本身也是化妆造型的一种造型手段和方法；第三，作为造型依据，在较高级别化妆师的职业技能要求中，要求用绘画的形式把设计构思的形象表现在画面上。可见，无论是初学化妆的学员还是有较高造诣的化妆师，掌握绘画基础理论，对培养形象思维能力、提高创作水平和鉴赏能力、积累艺术修养和完善造型能力，都起着相当重要的作用。

因篇幅有限，本单元就与化妆有关的绘画知识做一些最简单的介绍。学习绘画对化妆师来讲最终要落实到造型体现中。本单元学习可参考有关专业绘画基础教程画册。

3.1 素描

3.1.1 素描的基础知识

素描作为一门独立的艺术，具有相当的地位和价值，是其他造型艺术的基础，是美术中最单纯的造型形式。

广义的素描，指一切单色绘画表现的艺术作品；狭义的素描，专指以学习表现技巧，探索造型规律为目的，以线条明暗来表现对象的单色画。

1. 素描的基本原理和造型手法

（1）基本原理。素描研究的对象是物体的基本形态和一般变化规律。基本形态有物体的比例、形状等结构形式；变化规律有透视、视差对比等视觉因素。掌握这些形式和规律是造型的前提条件，素描可以利用它训练上的长期性和反复性，将这些问题逐一加以解决。

透视知识对于素描初级学习是非常必要的，造型的准确性很大程度上取决于透视的准确性。

1）透视的基本术语。

视点：即作画者眼睛所处的观察点。

视线：目光投射的直线，是视点与视觉中物体之间的连线。

心点：是视域的中心，也就是作画者眼睛正对视平线上的点。

视平线：将心点延长的水平线，随眼睛的高低而变化。

消失点：也称灭点，物体由近及远产生透视变化，集中消失于一点。

2）主要透视画法。

一点透视，也叫平行透视（见图3-1）。当一个立方体正对着观察者，它的上下两条边界与视平线平行时，它的消失点只有一个，正好与心点在同一个位置。

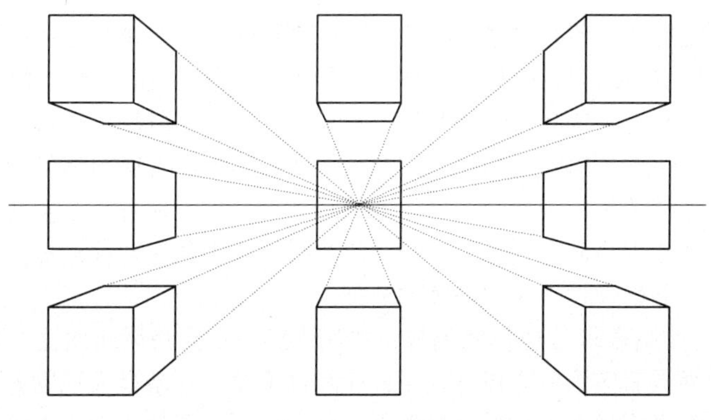

图3-1　一点透视

二点透视，也叫成角透视（见图 3-2）。当一个立方体斜放在观察者面前，它的上下两条边界就产生了透视变化，其延长线分别消失在视平线上的两个点。

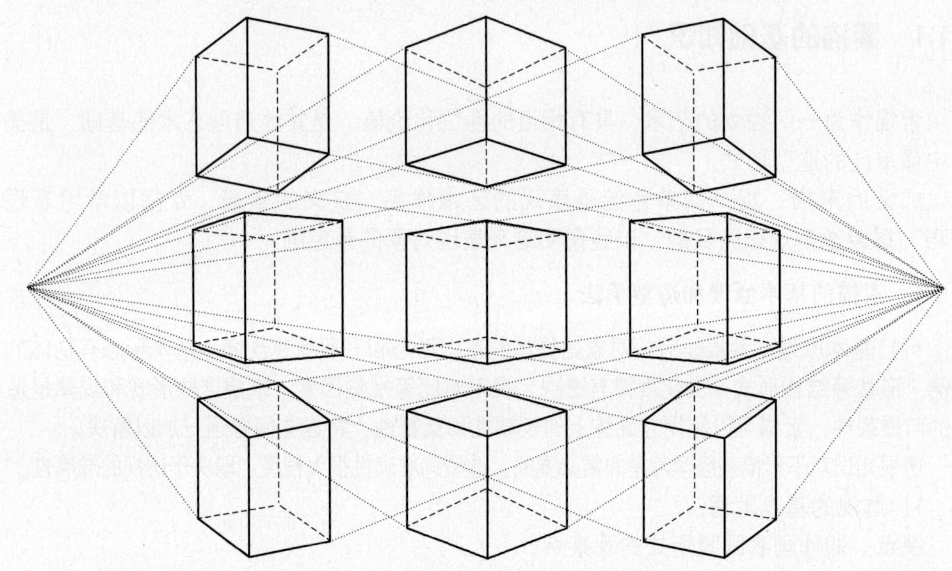

图 3-2　二点透视

(2)造型手法。素描的造型手法多种多样、风格迥异，基本的表现手法有三类。

1）线条法。线条是素描的基础，“打线条”是素描的基本功。线条是一种明确的富有表现力和形式美感的造型手段，能直接、概括地勾画出对象的形体特征和形体结构。随着对象的不同，要求用不同的线条表现。线条还有表现节奏的作用，轻重起伏波纹式线条，或刚柔相间、长短穿插、曲直弯转、抑扬顿挫的线条，给人以音乐的节奏感。

线条法也称结构法，不强调甚至忽略明暗的表现作用，追求对形体的理解和概括表现，以研究对象结构构造为目的，以线条作为主要表现手段，强调物体的轮廓和内部结构，严谨探求结构连接和透视变化的表现手法。素描训练无论采取哪种手段，开始都要用线确定所有的关系。用不同种线条来寻找形体，用多条重要的辅助线划分比例定位置；用长直线画大的形体关系；用切线画出小的结构转折关系；用重线、实线表现近处和暗部；用淡线、虚线表现亮部和遥远的部分。在素描训练中通过对线的探索，逐渐认识线在绘画中的作用，并能通过线条创造美的造型。

2）明暗法。明暗表现法也称色调法，强调光影，主要用明暗对比、色调变化的手段表现对象，画面具有较强的立体感、空间感和深度感。明暗是表现物象立体感、空间感的有力手段，对真实地表现对象具有重要的作用。明暗素描适宜于立体地表现光线照射下物象的形体结构、物体各种不同的质感和色度、物象的空间距离感等，使画面形象更加具体，有较强的直观效果。

物体在光线的作用下，呈现出极其复杂多元的明暗光影效果，为了便于学习和掌握，通常可将素描的明暗关系概括为三大面、五大调子和七个色阶。万变不离其宗，抓住了明暗变化的本质，问题就迎刃而解。

① 三大面。指的是亮面、灰面、暗面。

② 五大调子。分别为受光面、背光面、明暗交界线、中间灰面、反光面。

③ 七个色阶。分别为高光、明部、次明部、明暗交界线、暗部、反光、投影。

3）线面结合法。线面结合法是素描常用的一种造型表现方法，结合了线和面各自的造型表现特点和优势，既注重对象严谨的结构构造关系，又强调丰富的明暗光影变化，具有很强的灵活性和表现性，它可以侧重线，也可以侧重面。这种画法既有线的优美，也有明暗的丰富，是一种比较成熟的素描表现形式。

画速写时也常采用这种表现手法，不仅能快速而概括地表征对象的结构特点，又能简明扼要地表现出对象的立体感和真实感，使画面的效果更完整。

2. 素描的一般表现步骤（见图3-3）

步骤1

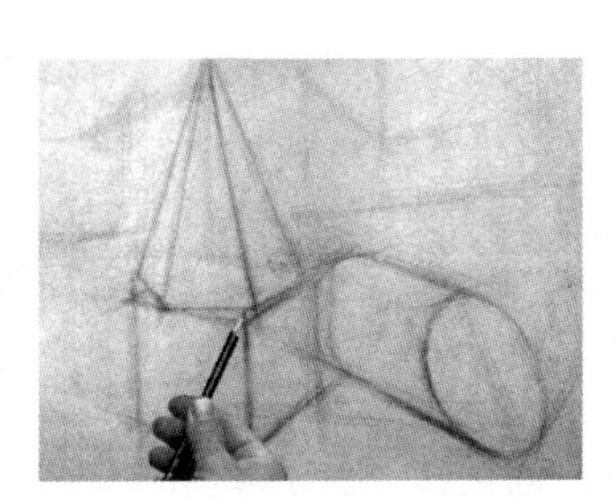
步骤2

步骤3

步骤4

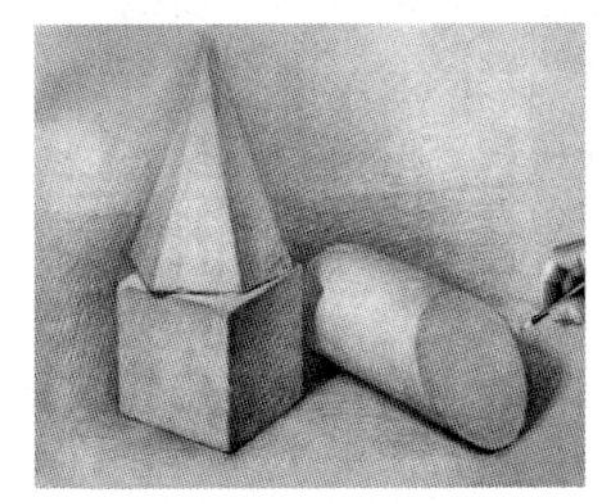
步骤5

图3-3 素描的一般表现步骤

素描的表现步骤因人而异，没有特定的程式和规则。就一般而言，遵循的原则就是整体观察、整体表现，大致可分为五个步骤。

（1）观察选位。观察，即学会用立体、整体的方法观察物体。从多维的角度，从整体到细节、从细节到整体仔细观察。总而言之，由于描绘的对象是一个具有内在相互联系的不可分割的整体，不论是结构关系、比例关系、黑白关系、体面关系、面线关系，都是相对存在、互相制约的，如果画时孤立片面地去对待，最终必定会失去画面的整体统一。由此可见，整体观察不仅是一个观察和表现的方法问题，也是一个思维方式方法问题。同时要树立起在空间深度上塑造形体而不是在平面上描绘这一概念，需要掌握透视知识和注意培养这种观察认识物象的习惯，才能正确把握物体在画面上的恰当位置，做到看得立体，画得立体。选位，是为了选择一个好的角度观察、站位，以便合理、准确表现结构和透视规律。

（2）构图起稿。构图既是一种艺术手段，也是绘画的骨架。构图属于立形的重要一环，但必须建立在立意的基础上。任务就是根据题材、主题思想和形式美感的要求，将经过选择的各个对象，按一定的形式法则适当地组织安排在画面上，从而获得最佳布局，构成一个协调的完整画面，明确地表达其主题内容。概括地说，是利用视觉要素在画面上按空间把它们组织起来的构成，是在形式美方面诉诸于视觉的点、线、形态、用光、明暗、色彩的配合。起稿是确定大轮廓、把握大形，绘出物体的基本形态。这时一定要有整体观念。

（3）铺明暗大调。明暗现象的产生是光线作用于物体的反映，建立在物理光学的基础上。没有光就不能产生明暗。物体受光后出现受光部和背光部。由于物体结构的各种起伏变化，明暗层次的变化是很多的。五大调子的规律是塑造立体感的主要法则，也是表现质感、量感、空间感的重要手段。

素描造型正确地表现出这种关系，就可达到十分真实的效果。明暗交界线是由亮部向暗部转折的部分，是区别物象面的不同朝向和起伏特征的重要标志。这个最暗的部分不能简单地理解为一条重线，它有宽窄、浓淡、虚实等变化，其特点是由光源的强弱和物象的形体特征所决定的。要重视明暗交界线的变化，是因为它在造型中起着十分重要的作用。明暗交界线的暗部与反光是一个整体。反光部很自然地统一在背光部。过亮或过暗都会影响物象体积和空间的塑造，画得过亮，同亮部的中间色重复，显得孤立，影响整体协调的统一。中间灰部是物体固有色中心区域，也是比较细致、复杂的，它是明暗交界线与亮部间的过渡面，是个不易观察清楚而又要认真研究和刻画的重要部分，同时应和暗部自然地衔接起来。

（4）深入刻画。这一步是在整体效果基础上，对空间感、虚实层次、黑白关系、质地表现等方面作进一步的细致刻画。

（5）调整结束。作画时，要注重对整体的把握，并贯穿始终。另外，局部要服从整体，要时时把局部放到整体中去观察和表现。

3．工具和材料

素描的绘画工具没有统一限定。工具的不同关系着素描的性质和构图，工具也能影响作画者的情绪和技巧。

（1）常用的作画工具

1）绘图用笔。有铅笔、碳笔、木炭条、炭精条、钢笔、毛笔等。一般认为，干笔适宜作清晰的线条，水笔适宜于表现平面；精美的笔触可用毛笔挥洒，而广阔的田野则可用铅笔或粉笔去勾勒。炭笔是两者都可兼用的。

2）纸张。选择种类较为随意，一般常用的纸张是素描纸，也叫铅画纸。

3）辅助工具。橡皮、画板、画架、美工刀等。

（2）用铅笔表现明暗的方法

1）铅笔直立以尖端作画时，画出来的线较明了而坚实；铅笔斜侧起来以尖端的腹部作画时，笔触及线条都比较模糊而柔弱。

2）笔触的方向要整齐才不致混乱。

（3）铅笔画使用橡皮的注意事项

1）初学时往往总觉得画一笔不满意时，就马上用橡皮擦去，第二次画得不对时又再擦去，这是最不好的习惯。一则容易损伤画纸，使纸张留下痕迹，再则画时就越画越无把握了，所以应极力避免。

2）当第一笔画不对时，尽可再画上第二笔，如此就有了标准，容易改正，等浓淡明暗一切都画好之后，再把不用之处的铅笔线用橡皮轻轻擦去，这样整幅画面就清楚多了。

3）其实画面上许多无用的线痕，通常到最后都会被暗的部分遮盖了，只需把露出的部分擦去，这样也较为省力。同时，不用的线痕往往无形中成为主体的衬托物，所以不擦去不但无害于画面，有时反而得到无形的辅助。

3.1.2 石膏几何体绘画表现

石膏几何体简单、规范，代表了自然物体的各种基本形式。在规范的几何体里，容易找到对称图形和基本比例关系，有利于研究和发现物体的透视变化规律。另外，石膏体单纯的白色，也更利于观察、分析和表现明暗产生的原因和色调变化的规律。

因此，常利用石膏几何体的“纯粹”，作为学习素描的描摹对象（见图3–4和图3–5）。

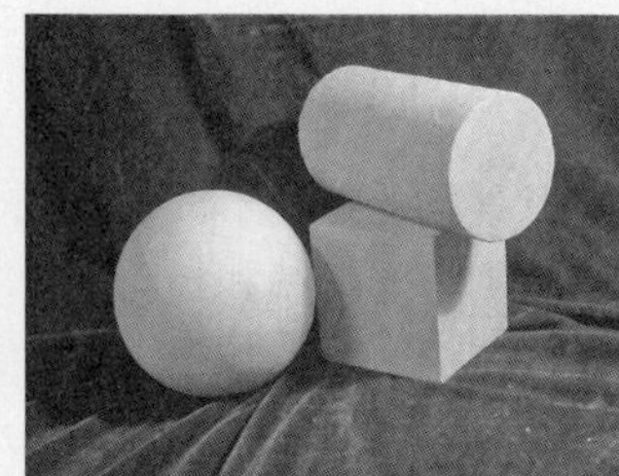

图 3-4 各类石膏几何体

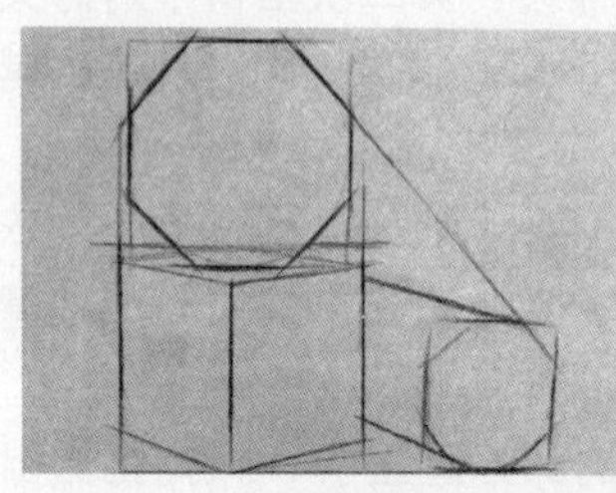
步骤1

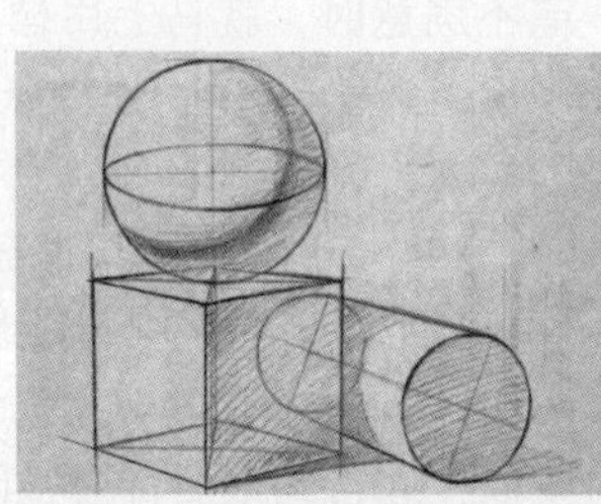
步骤2

步骤3

步骤4

步骤5

图 3-5 素描步骤

3.1.3 石膏五官的绘画表现

石膏五官的表现有两个目的，一个是通过对五官的描绘，学习人的眼睛、鼻子、嘴和耳朵的生理结构特征；另一个是通过对五官的刻画，学习复杂形体的造型能力。前一个目的需要借助对人的骨骼、肌肉的知识来完成，后一个目的需要素描表现的技巧和对整体的把握来实现。

石膏五官一般分两个阶段练习，第一阶段是五官的切面体练习，侧重结构特征的分析，理解和表现五官的体积感和块面感（见图 3-6）；第二阶段是五官的圆面体练习，侧重形体特征的分析，理解和表现五官的微妙变化（见图 3-7）。石膏五官，除了要表现它的结构特征外，还要注意刻画它的形体特征，五官的形体特征决定了对象的表情和神态。

1. 眼

眼是头部中结构最复杂、表现形式最多样的部分。眼部是由眼眶、眼球和眼睑三个部分组成。深陷的眼窝和凸起眼球是它的结构特征。

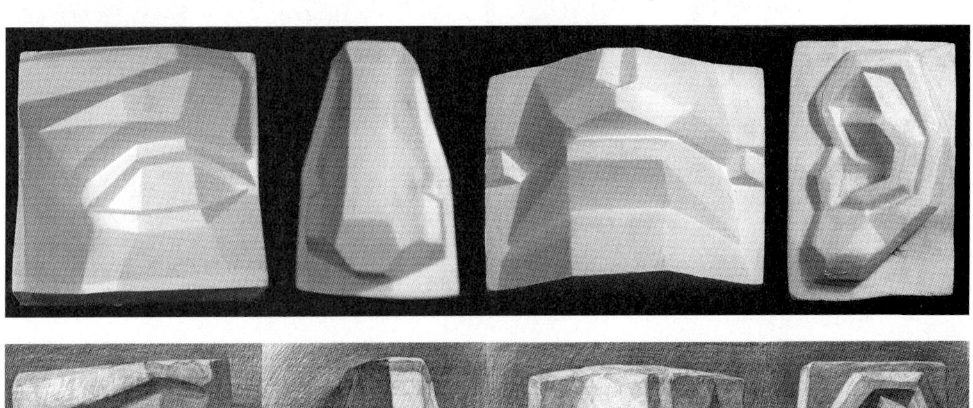

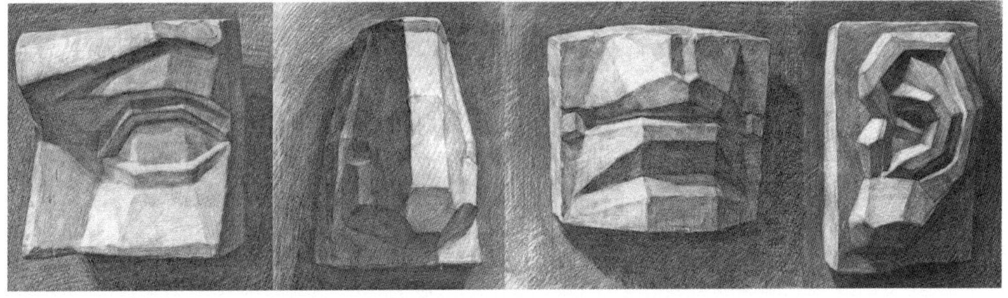

图 3-6　五官的切面体

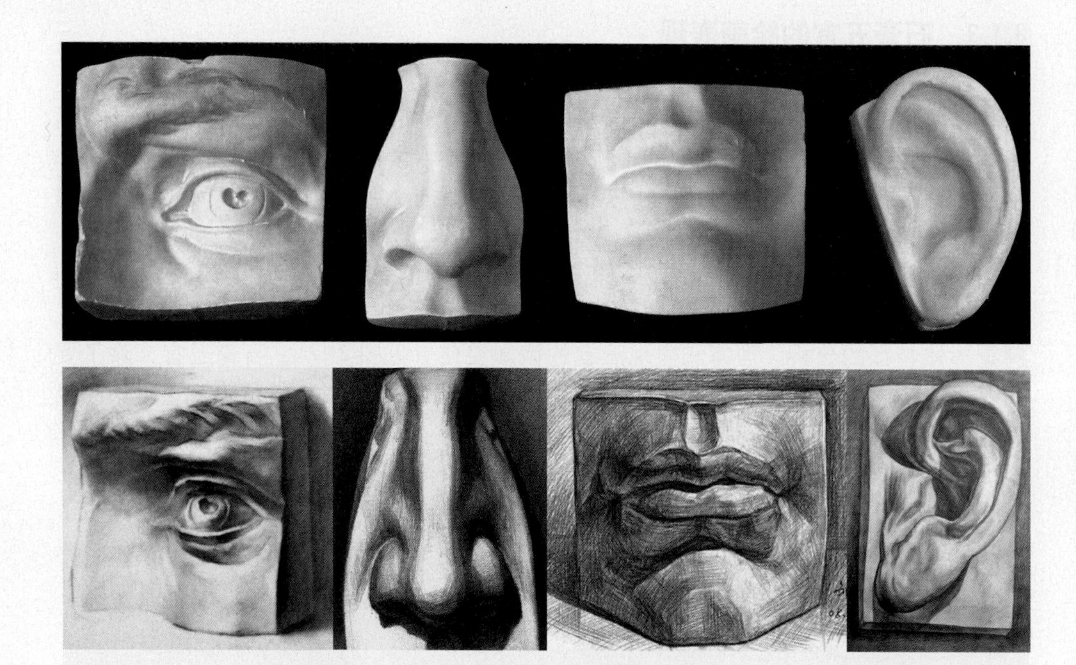

图 3-7 五官的圆面体

2. 鼻子

鼻子是头部最突出的部分，是一个梯形结构。鼻子的体面感很强，鼻头、鼻翼的表现是鼻子刻画的重点。

3. 嘴

嘴比较贴近头部的球体表面，因此，它的结构有一定的弧度，表现时应注意不要把它画“平”了。

4. 耳朵

耳朵的结构应附着在面部的两个侧面上，对比的强度不要超过其他五官的对比程度。耳朵的造型优美，体面变化复杂，所以不要忽视对耳朵的表现。

3.1.4 头部形态的绘画表现

1. 头部的基本比例

人的体貌特征千差万别，特别是年龄的不同、性别的不同、人种的不同，以及人与人之间微妙的差异，都很难有统一的比例标准。人的五官位置和形态特征各有差异，前人概括的头部的基本比例为长三庭、横五眼。成人眼睛在头部的1/2处，儿童和老人略在1/3以下。眉外角弓到下眼眶，再到鼻翼上缘，三点之间的距离相等，两耳在眉与鼻尖之间的平行线内。其他相等的比例关系一般来说还有嘴的宽度等于正视时两眼瞳孔的间距，两眼的间距是鼻子的宽度，头的长度等于头侧面的宽度等。这些普通化的头部比例只能作为写生开始时的参考，最重要的是在实践中灵活运用，正确区别不同的形态结构，才能体现所描绘对象的个性特征。为了便于分析和研究，下面介绍一种最基本、也是最常用的头部比例划分方法——三庭五眼。

2. 头部的基本结构（见图3-8）

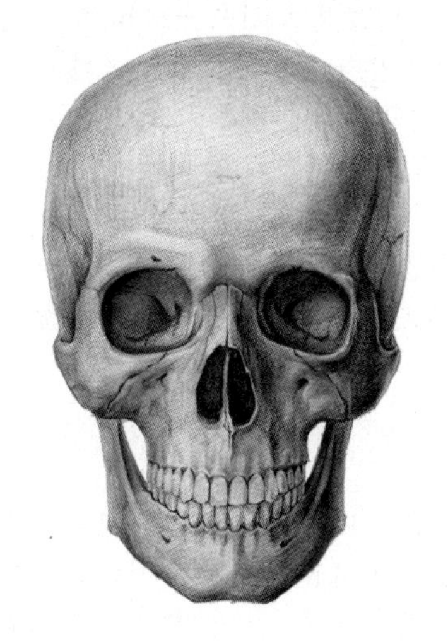
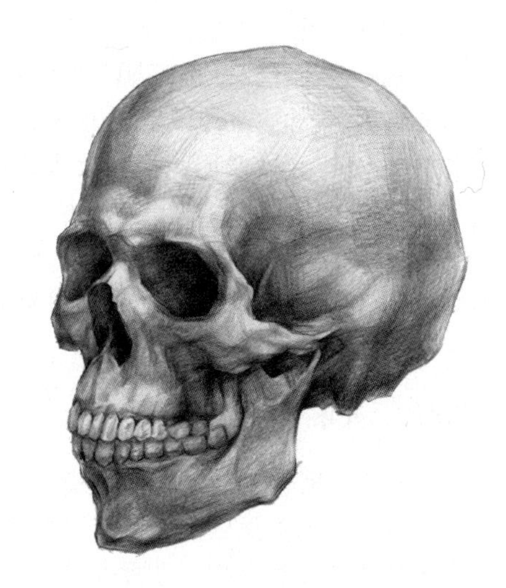

图3-8 头部的基本结构

人的头部形状是由头骨的形状决定的。因为人的生理结构基本相同，了解人的一般性结构，可以在表现中起到举一反三的作用。对骨骼的了解，能帮助理解头部造型的基本特征。人的头部结构较复杂，为更好地理解头部的体积，将人的头部予以几何化的归纳。头部骨骼是头部造型的本质所在。它处在圆球体和立方体之间，从整体上可以概括成一个圆球或立方体或楔形之间的复合体。用立方体概括头部，便于掌握头部的空间结构。头骨有几个突出的点，叫骨点。这些骨点通过面部肌肉显示出来。从额头的额结节到眉弓、颞线、颧骨结节和下颌结节骨点的连接，便构成了头部不同面的转折。由此可以看出眉、眼、鼻、嘴是处在一个面上，耳朵是处在两个侧面上。

人的头部主要由颅骨、额骨、颞骨、鼻骨、颧骨、颚骨构成。影响外形的骨骼突出点是颅顶点、额结点、眉弓点、颧突点、鼻骨中点、颧结点、下颌角点、颏隆凸点、颏下点等。

3.2 色彩

3.2.1 色彩的基础知识

人们之所以能看见周围物体的颜色，是因为有光，光与色有着不可分割的密切联系，光是色产生的原因，所以有光才有色。

1676 年，英国科学家牛顿（1642—1727）用三棱镜将太阳白光分解为赤、橙、黄、绿、青、蓝、紫七色光谱，从而证明了白色太阳光产生于多种不同颜色光线的混合。

现代科学证实，光是一种以电磁波形式存在的辐射能。通常，电磁波谱中波长在 380~780 纳米之间的这段波谱，能引起人的视觉及色彩感觉，这段波长的电磁波叫做可见光。

为了便于研究和认识，通常根据色彩不同的原理和特征，将色彩分为色光和色料两大部分来研究。色光属于光学的范畴，色料也就是人们经常所说的颜料的概念，两者既有共性，又有各自不同的表现特征。

1. 色彩的三要素

色彩，可分为无彩色和有彩色两大类。前者如黑、白和各种不同层次的灰色，后者如红、黄、蓝等。人们能见到的色彩多种多样，有各种鲜艳、柔和、明亮、深重不同的颜色，绝大多数色彩具有色相、明度和纯度三个方面的属性，一般称为色彩三要素或色彩三属性。色彩的三种要素在化妆与造型时起着至关重要的作用，只有将三者的关系安排恰当，才能体现完美的视觉效果。

（1）色相。即色彩的相貌，是一种色彩区别于另一种色彩的表象特征和主要依据，如可见光谱中的红、橙、黄、绿、青、蓝、紫等。黑、白、灰属无色系。一般来说，人们所赋予每一个色彩的名称是色彩的外向性格的体现。

（2）明度。即色彩的明暗程度，也称深浅度，是表现色彩层次感的基础。光的明暗度一般称为亮度。物体受光量越大，反射光越多，物体色彩就越浅；反之则深。明度高是指色彩较明亮，而相对的明度低，就是色彩较灰暗。

在无彩色系中，明度最高的色为白色，明度最低的色为黑色。黑白之间存在一系列灰色，靠白的部分为明灰色，靠黑的部分为暗灰色。

在有彩色系中，任何一个色彩都有着自己的明度特征。例如，黄色为明度最高的色，蓝紫色明度最低，红、绿色的明度中等。

任何一个颜色，掺入白色，明度提高；掺入黑色，明度降低。

（3）纯度。即彩度或鲜浊度，也称饱和度。具体来说，是表明一种色彩中是否含有灰的成分。

纯度的变化可以通过加黑加灰产生，还可以补色相混产生。假如色彩不含有灰的成分，便是纯色，彩度最高；如含有较多灰的成分，它的彩度亦会逐步下降。

色相感越明确、纯净，色彩纯度越高；反之则越灰。纯度较低，色彩也相对柔和，适合于生活妆。

在色彩鲜艳状况下，通常很容易感觉高彩度，但有时不易做出正确的判断，因为容易受到明度的影响，譬如最容易误会的是黑白灰是无彩度的，只有明度。

2. 三原色、三间色、复色、补色

（1）三原色。色彩千变万化，主要都是由三个基本的色彩用不同的比例混合而成，而它们本身不能再分离出其他色彩成分，所以被称为三原色。

1）色光三原色（见图3-9）。色光三原色分别为红、绿、蓝，将这三种色光混合，便可以得出白色光。如霓虹灯，它所发出的光本身带有颜色，能直接刺激人的视觉神经而让人感觉到色彩，在电视屏幕和计算机显示器上看到的色彩均是色光色彩。

图3-9 色光三原色

2）色料三原色（见图3-10）。色料三原色分别为青蓝、洋红、黄，三原色相混，会得出黑色。物体不像霓虹灯，可以自己发放色光，它要靠光线照射，再反射出部分光线去刺激视觉，使人感觉到颜色。三色混合，虽然可以得到黑色，但这种黑色并不是纯黑，所以印刷时要另加黑色，用四色一起进行。

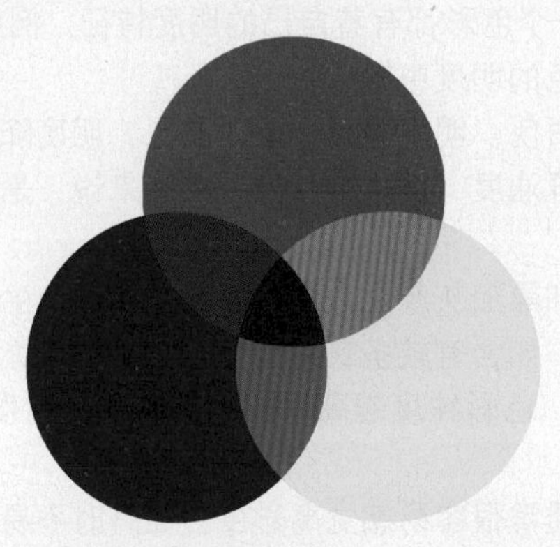

图3-10 色料三原色

（2）三间色。原色为不能经混色而成的色彩，其他色彩则是由此三原色混合来构成的，三原色两两相互混合，称为间色。

如色料中的橙色、绿色、紫色等。

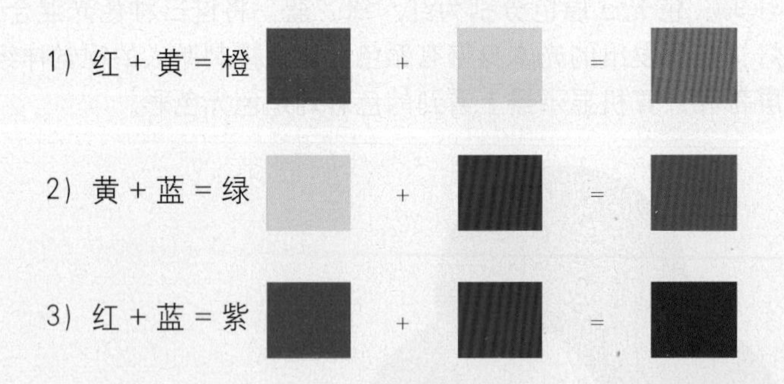

（3）复色（见图3-11）。由原色与相邻的间色相混合，即三色或三色以上相加，称为复色。如色光三原色混合成白色，色料三原色混合成黑色。

黄＋橙＝黄橙　红＋橙＝红橙　黄＋绿＝黄绿

蓝＋绿＝蓝绿　红＋紫＝红紫　蓝＋紫＝蓝紫

（4）补色（见图3-11）。也称对比色，是指一原色与另外两原色混合的间色之间的关系。红色与绿色、蓝色与橙色、黄色与紫色形成强烈的补色对比效果。在色环中呈现出对角关系。

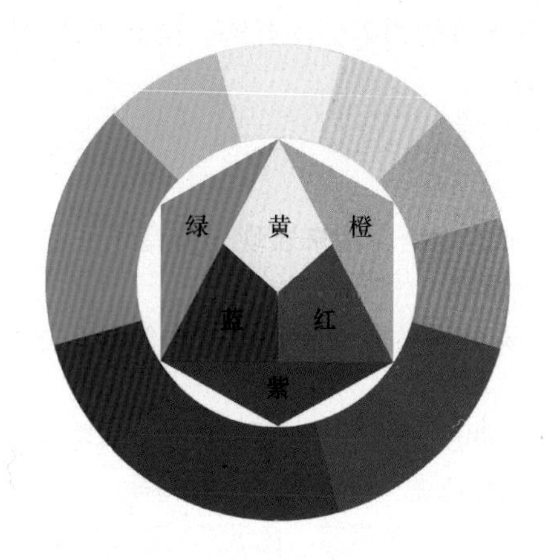

图3-11　色环

3. 色彩的固有色、光源色和环境色

世间千变万化的物体色主要是受固有色、光源色和环境色所左右。

（1）固有色。所谓固有色，并不是一个非常准确的概念，因为物体本身并不存在恒定的色彩。但作为一种约定俗成的称谓，便于人们对物体的色彩进行比较、观察、分析和研究。

物体的固有色是指在正常的太阳光源下，眼睛所感受到的色彩。之所以物体会呈现某种色彩关系，是因为物体对光源吸收、反射和透射的能力不同，这和物体的材质、表面肌理等因素有关。

（2）光源色。色彩的本质是光，光和色彩有密切关系。宇宙万物所呈现的各种色彩面貌，各种光照是先决条件。自然界的物体对光具有选择性吸收、反射与透射等现象。

光源色是指光源照射到白色光滑不透明物体上所呈现出的颜色。光源一般分为两类：自然光源和人造光源，是决定物体色的主要因素，光源的色性和光亮发生变化时，都会极大地影响物体的固有色，这就是色彩的演色性。

常见的黑白物体色中，在白色阳光的照射下，白色表面反射64%~92.3%（几乎全部）光线而呈白色，黑色则是物体吸收几乎全部光线而呈黑色，因此夏天穿深色衣服在阳光下容易感觉热，是因为深色吸收大量的光波。

（3）环境色。环境色也叫条件色。自然界中任何事物和现象都不是孤立存在的，一切物体色均受到周围环境不同程度的影响。环境色是一个物体受到周围物体反射的颜色影响所引起的物体固有色的变化。环境色是光源色作用在物体表面上而反射的混合色光，所以环境色的产生是与光源的照射分不开的。同光源色、固有色相比，环境色对物体色彩的影响是相对较小的。

4. 色调

“调子”原是音乐艺术中的术语，用来表现一首音乐作品的“音高”，是支配乐曲的音调标准，如D大调、C大调等。

调子在色彩中，是指色彩外观的重要特征与基本倾向，由色彩关系决定的整体基调，称为色调。

色调主要由色彩的色相、明度、纯度三个要素决定。其中某种因素起主导作用，就称某种色调。如从色相角度界定，红色调、黄色调、绿色调等；从明度角度界定，如灰色调、暗色调等；从纯度角度界定，浊色调、鲜色调等。色调还常以冷暖倾向区分，如冷色调和暖色调。

常见色调与妆型搭配见表3–1。

表3–1 常见色调与妆型搭配

项目 色调	色调特征	适用妆型
淡色调	明度很高的淡雅色组成柔和优雅的淡暖色调，含有大量的白色或荧光色	多用于生活时尚妆，有清新、明净感
浅色调	明度比淡色调略低、色相和纯度比淡色调略清晰	多用于新娘妆和职业妆，显亲切、温柔
亮色调	明度比浅色调略低，含白色少，色相和纯度高，如天蓝、粉红、明黄、嫩绿	多适合时尚妆和新娘妆，显活泼、鲜亮
鲜色调	中等明度，明度与亮色调接近。不含白色与黑色，纯度最高	多适合舞台妆、晚会妆、模特妆、创意妆，效果浓艳、华丽、强烈
深色调	明度较低，略含黑色，但有一定浓艳感	多适合舞台妆、晚会妆、模特妆、创意妆、秀场妆，效果浓艳、强烈、个性
中间色调	由中等明度、中等纯度的色彩组成	多适合职业妆和晚妆，显沉着、稳重
浅浊调	含灰色，呈浅浊色调，妆色文雅	适合职业妆和新娘妆，有雅致感
浊色调	明度低于浅浊色调，含灰色调，有成熟、朴实气质	适合晚妆、模特妆、创意妆，如灰蓝、土黄、驼色。如用大面积浊色调，点缀以小面积艳色，则稳重中又有变化
暗色调	明度、纯度都很低，色暗近黑，有沉稳、神秘感，加上深浓艳色的搭配，有华贵效果	适合晚会妆、模特妆、创意妆、秀场妆

3.2.2 化妆常用色彩搭配

1. 化妆常用色彩及搭配

生活中人的化妆修饰是以美为追求，人的形象千姿百态，在民族、年龄、职业、性格等方面存在很大差异。每个人都会有自己爱好的色彩和适合的颜色。化妆时色彩是装饰在人面部的，在化妆配色的选择方面了解化妆对象容貌的具体条件是至关重要的。不恰当的妆色不仅不会增加面容的美感，还会破坏对方原有面部长相的优点。

（1）化妆常用色彩。目前，人类可以分辨的颜色已达到几百万种。在上文中已经介绍了色彩的基本常识。在生活化妆中，很少使用单纯的三原色，因为难以和肤色相协调。

1）眼影色。眼影色是化妆品中色彩最为丰富的，除了特殊化妆之外，一般常用的颜色是棕色、褐色、蓝灰色、蓝紫灰、玫瑰红、浅棕红、绿灰等。这些颜色的特点是色彩的饱和度较低。因为过于鲜艳的颜色涂在眼睑上会显得十分刺眼。

2）腮红色。比较常用的腮红颜色一般为暖色调的复色和间色。如面红色有玫瑰红、棕红、桃红、砖红、粉红等，基本上都是由两种以上颜色调和而成的。

3）唇膏色。唇膏的颜色主要以红色为主，与面红色一样，常用的唇膏颜色并非单纯的大红，而是与唇色相近的本色红、棕红、玫瑰红、砖红、桃红等。这些颜色既可以修饰唇色，又容易与面部整体和谐统一。

4）粉底色。在化妆中，肉色也是使用较多的颜色，如粉底色，基本上都属深浅不同的肉色。

白色、黑色也是化妆中用得着的颜色，画眼线、涂睫毛液、描眉，都离不开黑色。白色则作为一种增加色彩明亮度的调和色使用。

（2）化妆常用色彩的搭配方法

1）同类色组合（见图3-12）。利用没有冷暖变化的单一色调，是最简单易行的组合方式。优点是统一性强，有和谐感，缺点是缺少活跃感。可以利用不同的明度和纯度的变化或与黑白灰相配，以避免色彩的单调，如深红＋浅红、深绿＋浅绿。

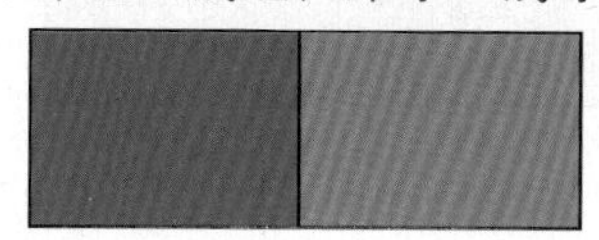

图3-12 同类色组合

2）邻近色组合（见图3-13）。被称作是较完美的组合方式。使用在色环上邻近的色彩进行组合，特性相似，但又有不同，有殊途同归的感觉。

特点是常给人整体、柔和、调和之美。但如运用不当，容易显得单调。因此，要特别注意色彩明度的变化，以避免容易出现的对比模糊弱点，使色彩有多层次感，如橙＋

黄、蓝＋绿等色的配合。

两个颜色的明度与纯度可以错开，能显出调和中的对比变化，如深蓝＋浅绿、中橙＋淡黄。

图3-13　邻近色组合

3）对比色组合（见图3-14）。差异性很大的色彩组合，既有互相对抗的一面，又有互相依存的一面，在吸引人或刺激人的视觉感官的同时，产生出强烈的审美效果。优点是色彩效果显著、明快、活泼、引人注目。缺点是运用不当容易出现不和谐感。多用于浓妆。

在不同色相中，红与绿、黄与紫、蓝与橙、白与黑都是对比色。鲜艳的色彩对比，也能给人和谐的感觉。

如红色与绿色是强烈的对比色，如搭配不当，就会显得过于醒目、艳丽。若在红与绿衣裙间适当添一点白色、黑色或含灰色的饰物，使对比逐渐过渡，就能显得协调。或者红、绿双方都加以白色、黑色、灰色，使之成为浅红与浅绿、深红与深绿、灰红与灰绿，看起来就不那么刺眼了。

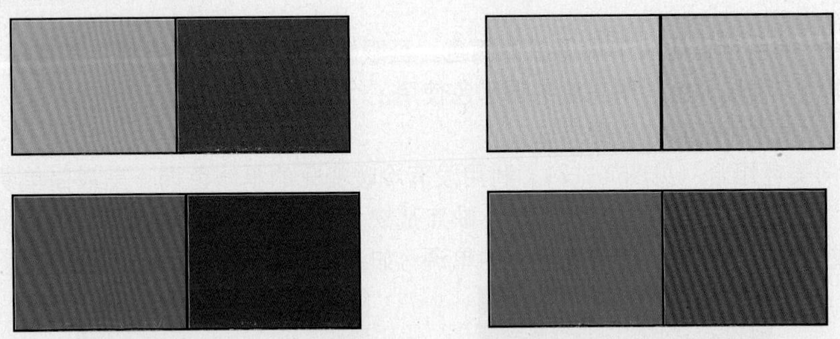

图3-14　对比色组合

4）主色调相配。配色时色彩过于繁复会有杂乱纷扰、不稳定感。以一种主色调为基础色，再配上一两种或几种次要色，使整个色彩主次分明、相得益彰。采用这种配色方法用色不要太繁杂、零乱，尽量少用、巧用。

这种组合多出现在多色眼影的搭配上，或在腮红、口红与眼影色的搭配上，以及妆色与服装色彩的搭配上。

2．眼影与妆面的搭配

自然清新的眼部妆容的确能令人容光焕发。选择眼影，应根据化妆者的肤色、服饰风格及所处的场合来决定。

对中国女性来说，因为眼皮较厚、眼眶较浅及肤色发黄等原因，国际上流行的金色、鲜艳的蓝色、银色等颜色并不一定适合每个人，有时它们会令眼睛显得肿，使肤色显得灰暗。即使同为黄皮肤，冷色皮肤与暖色皮肤适合的眼影颜色也不同（皮肤发黄发暗为冷色皮肤，皮肤泛红为暖色皮肤）。一般来说，黄色和淡绿色较适合暖色皮肤，而淡紫色更适合冷色皮肤。浅橘色、淡咖啡色与白色眼影搭配使用，是适合中国女性的经典眼妆造型。

涂抹时应将暗色眼影涂在眼睛凹陷处，亮色眼影涂在眉梢、眉峰处提高脸部亮度，这样容易使眼睛显得有立体感。

（1）眼影与妆型。眼影可分为影色、亮色、强调色三种。影色是收敛色，涂在希望凹的地方或者显得狭窄的应该有阴影的部位，这种颜色一般包括暗灰色、暗褐色；亮色，也是突出色，涂在希望显得高、显得宽阔的地方，亮色一般是发白的，包括米色、灰白色、白色和带珠光的淡粉色；强调色可以是任何颜色，其真正作用是明确表达自己的意思，吸引人们的注意力。不同的妆型，搭配出的眼影色效果也不同（见表3-2）。

表3-2 眼影与妆型类别

妆型 项目	生活淡妆	晚宴妆	新娘妆	时尚妆
眼影效果	柔和，搭配简洁、自然	色彩丰富、艳丽，对比较强	以中性偏暖的喜庆色为主，但也应顾及化妆的季节和着装的特点	随流行而变，当前流行色有很多，色彩质地为金属、珠光、油质效果
常用色彩	浅棕、深棕、浅黄、浅蓝、蓝灰、粉红、米白、白、粉白等	深浅咖啡、灰、蓝灰、蓝、绿、紫、橙黄、橙红、玫瑰红、珊瑚红、橙、明黄、鹅黄、银白、银、粉白、蓝白、米白、珠光色等	咖啡、天蓝、紫褐、蓝紫、玫瑰红、珊瑚红、橙红、夕阳红、粉白、米白、米黄、蓝白等	蓝、绿、鹅黄、橙黄、紫褐、金、银、蓝白、玫瑰红、樱桃红等珠光色。注意随流行而变
色彩搭配	深咖啡+浅黄，偏暖，明暗效果明显；浅咖啡+米白，中性偏暖，朴素；蓝灰+白，偏冷，脱俗；粉红+白，偏冷，青春而有活力；珊瑚色+粉白色，偏暖，喜庆活泼	深咖啡+浅咖啡+橙红+明黄，暖，朴素、热情、富有活力；灰+蓝灰+紫+银，冷，典雅脱俗；蓝+紫+玫瑰红+银白，偏冷，冷艳；深咖啡+橙红+鹅黄+米白，暖，喜庆而华丽；蓝灰+珊瑚红+紫+粉白，中性偏冷，典雅；绿+橙，中性偏暖，明快	咖啡+橙红+米白，喜庆大方；紫褐+珊瑚红+粉白，喜庆而妩媚；天蓝+夕阳红+蓝白，喜庆而娇柔；蓝紫+玫瑰红+米白，喜庆而高雅	蓝+黄+银白，热烈而生动；绿+鹅黄+樱桃红，热烈而妩媚；紫褐+玫瑰红+橙黄+蓝白，热烈而高雅；蓝+玫瑰红+鹅黄+银，艳丽而高贵

（2）多种眼影的组合。眼影的选色是整体妆容中最复杂的。通常化妆师会合理地运用色彩原理，体现眼部精致的色彩安排。多种眼影色彩的丰富运用有助于眼睛的美化，但如运用得不恰当，反而会凌乱无序，显脏显乱，破坏整体妆容效果。在用多色眼影修饰眼部时，一定要从整体效果出发，注意活用色彩原理。以下这些方法也同样适用于整体妆色的搭配。

1）色彩的统一。多样变化中求统一是取得美感的基本形式法则，也是色彩和谐感的关键所在。依据服装色找到主色调，在主色调的基础上，加上其他颜色。比如，以粉红色为主色调，在靠近鼻侧影的地方，加一点淡黄色；在靠近睫毛处加紫色；下眼睑也用粉红色、浅黄色。这样，既能强调眼睛的结构，又做到了色彩的和谐统一。

2）色彩的比例。也就是在造型中各种色彩占有量的比例关系。多种颜色的眼影组合在一起，如果每种颜色的面积大小都相等，就容易形成视觉上的散乱感。所以，在涂眼影时，主色调的颜色面积可大一点，其他色彩的面积作为陪衬与点缀，在形状、大小上要有变化，要小一些。还有，等大的对比色并置一起也不舒服，缺乏美感，当调整体量比例后，色彩效果就得到改观。大家熟知的“万绿丛中一点红”就体现了生动、奇特的色彩效果。

很多初学者，经常困惑于选择哪些眼影色彩、怎样搭配才好，而忽视了明显的比例失调。因此精心思考、合理安排色彩比例是必要的。

3）色彩的对比。在多色眼影的运用中，可采用明度对比、纯度对比、补色对比、冷暖对比等色彩的综合对比方法。

①明度对比。即深浅对比，可以通过颜色的深浅变化来塑造眼部形象。这种方法容易使色调统一，而且在层次变化的过程中容易表现出眼部的立体结构。

强明度对比使眼部结构立体，如在眼窝处用深棕色，在眼睑处用金色，在外眼角处用黑色，下眼睑处用浅棕色，眼眶上缘处用浅金色。弱对比则使眼部含蓄淡雅，如在内眼角靠近鼻子的地方用深紫灰色，逐渐过渡至眼睑部分的淡紫色；接近眼眶的部分用暖色浅玫瑰红，眼眶用淡粉色，下眼睑用蓝紫和深紫。

②纯度对比。即艳浊对比。一般来讲，纯度关系中，鲜而亮的色彩显得艳丽，相反则有朴素感；有色系显艳丽，无色系显朴素。所以，纯度对比强，眼妆显鲜明华丽，反之显柔和。

多色眼影的组合要能分清主次关系，灵活运用眼影色的强弱纯度，避免产生过于花哨的眼妆。

③冷暖对比。色彩的冷暖是生理直觉和心理对色彩的共同感知和反应。暖色有迫近、扩大、膨胀感；冷色有后退、缩小感。有时为追求动感而借助色彩冷暖对比以表现轻重、强弱、进退感。

冷暖本身有其相对性，它们之间关系复杂又灵活。主要体现在两方面：一是冷暖色的确定性，红、橙、黄是暖色，蓝为冷，紫和绿是中性色。二是冷暖色的可变性，这三类色本身也有冷暖差，如朱红比玫红暖，红紫比蓝紫暖，橄榄绿比翠绿暖。而且色彩的冷暖又会随周围颜色的情况而变，如在红色背景下棕色会偏冷。

色彩的冷暖感有很丰富的内容，为人物造型设计中色彩的运用提供了多样的手段。可以用微弱的色度差，在生活妆中取得较好的眼妆自然效果。例如使用偏冷的淡紫色和浅黄色，比用纯紫、纯黄容易取得柔和效果；反之，用纯度高的对比色，眼妆色显浓艳。

另外，暖色在冷色映衬下会更温暖，冷色在暖色的映衬下更显冷艳，在安排眼影色时，应充分利用这一点。

3. 腮红与妆面的搭配

虽然腮红不如眼影色彩变化那么明显，通常以冷暖红色为主，但不同颜色的腮红具有不同的效果。

由于色彩的纯度不同，形成的鲜艳度也不同，纯度越高，色彩越鲜艳。一般来讲为显示皮肤质感的健康红润感，不宜选用太艳的腮红色，容易有虚假感。反之，以艳色腮红作为装饰，主要与服装、眼影、唇部的颜色相搭配，有强化色彩的作用，但只适合于浓妆。

在色彩学中，有“暖色向前、冷色退后、浅色凸起、深色凹下”之说，利用这种视错觉与视幻觉原理，可以用偏冷的、偏深的腮红颜色作为脸部阴影色，或者选用明亮、鲜艳的暖色腮红作为脸部膨胀色，来强调和调整脸颊部位凹凸起伏的结构。

腮红色调的选择还应根据皮肤的色调、服装的色调来确定，以便形成整体色调的统一。

（1）腮红与肤色。肤色偏黄、偏黑者用橙色、浅棕色等暖色作腮红，可以取得良好的整体效果。

肤色白皙者，若用色彩纯度低的腮红色，容易获得自然而生动的效果。在一般生活妆中，浅棕红、浅桃红、淡玫瑰红等比较适合白肤色者选用。

（2）腮红与妆型（见表 3-3）

表3-3 腮红与妆型

项目＼色系	自然色系	粉红色系	玫瑰色系	橙色系	棕色系
色彩	浅灰红、浅棕红、浅朱红、浅大红等	粉红、浅桃红等	浅玫瑰红、深玫瑰红、深色桃红、浅紫红等	橘红、橘黄等	浅棕、土红、深棕等
适合妆型	类似于面部自然红润色，化淡妆或为显示肤色健康，可用自然色系的胭脂	与肤色、服饰搭配使用，使肤色娇嫩可爱，给人一种青春、靓丽的感觉。适合年轻人化妆	适宜于装饰性强的化妆。对于表现成熟的女性美及优雅的风度，有良好的效果	有消除肌肤晦暗的作用，可提高皮肤的透明感	作为阴影色腮红修饰脸形。多用在中年女性化妆、男性化妆

4. 唇色与妆面的搭配

根据色彩的冷暖特性，一般将口红的颜色分为两类。一类带黄色，属于暖色系列，包括红黄色、粉黄色、橙色等；另一类带蓝色，属于冷色系列，包括紫色、玫红、桃红等。

鲜艳发亮的口红可以使嘴唇看起来丰满些，而颜色深的口红则可以使嘴唇看起来薄一些。东方人口红颜色最好选择以暖色系列为主，这样能使皮肤看上去粉嫩、透明。

唇膏色彩的运用应与化妆者的肤色、眼影色、个性和气质相协调。

（1）唇色与肤色的配合（见表 3-4）

表3-4 唇色与肤色的配合

	浅冷肤色	黄肤色	深肤色	灰暗肤色
唇色选择	白皙的皮肤色调带有偏冷的色彩倾向，比较适合涂玫瑰红、桃红、粉红等略带冷色性的唇膏	面部肤色偏黄的人，可涂棕红、酒红、橘红等略带暖色性的唇膏	肤色深暗的人，如果要想显得白一些，可涂深色唇膏。如果要想突出皮肤的黑，可涂浅色唇膏	面色灰暗，常带有一种病态，如果没涂抹底色，就不宜涂抹鲜艳的唇膏，因为在对比之下，会使肤色更没有光泽。可涂浅红或略带自然红的本色唇膏

（2）唇色与服装颜色的配合。唇膏与服装的色彩配合，主要从民族的、传统的审美习惯及大多数人的审美情趣出发来考虑。

服装色大体上有单纯色与组合色之分、有冷暖色之分、有深浅色之分。

1）与单色服装的搭配。与单色服装搭配的唇膏色可以是协调色，也可以是点缀色。

如果穿一套红色的衣裙，那么，与之相近的唇膏是十分协调统一的。橘红、橘色服装，用偏橙色的唇膏也是相宜的。粉色服装与粉色唇膏搭配，更加柔美秀丽。将唇膏色作为服装色彩的点缀，有时会十分动人，如穿着黑色服装，涂抹朱红唇膏，艳丽动人；涂抹玫瑰红唇膏，妩媚神秘；涂抹橘红唇膏，清新跳跃。

黑色、白色、灰色具有最佳的搭配性能，因此，与之相配合的唇膏范围就较为广泛。

2）与组合色服装的搭配。服装的颜色往往是两种以上的多种色彩的组合，与之相配合的唇膏色，应取其主要色调。在众多的色彩中，面积大的色块可以作为主色调，唇膏的颜色与之一致，可以加强色彩的整体感与感染力。如果上衣与裙子、裤子是两种颜色，唇膏的色彩应与接近面部的上衣颜色协调。

3）与冷暖色调服装的搭配。服装的色彩一般总有色性上的冷暖区分，在大多数情况下唇膏的颜色也应在冷暖性质上与服装求得一致。在紫色、蓝色等冷色系服装中，用桃红、粉红、玫瑰红、紫红等带有冷色倾向的唇膏，要比用橘红、朱红、棕红等看起来更具美感。

4）与深浅色调服装的搭配。同样，深色服装用深色唇膏，浅色服装用浅色唇膏，效果都比较理想。

（3）唇膏色与妆型的配合（见表3-5）。不同的唇膏色彩给人不同的感觉。唇膏的色彩应与整体的化妆风格一致，才能产生和谐的美感。

1）与淡妆搭配。在淡妆中，口红色主要为了显示一种健康的红润血色。口红色也应该以浅色、透明色、鲜艳度低的颜色为佳。

2）与浓妆搭配。晚妆、宴会妆、装饰性化妆、时尚妆等，口红色往往需要作为整个面部化妆的一种点缀或装饰色。可以浓艳，也可以夸张，根据需要随心所欲。但无论选用什么颜色，都应使唇色与整体面妆风格协调一致。

表3-5　唇色与妆型的配合

色系 项目	棕红	橙红	粉红	玫瑰红	豆沙红
色彩效果	色彩显得朴实	色彩显得热情、富有青春活力	色彩娇美、柔和、轻松、自然	色彩高雅、艳丽、妩媚而成熟	色彩含蓄、典雅、轻松、自然
适合妆型	适用于年龄较大的女性和男士化妆，使妆色显得朴实稳重	适用于青春气息浓郁的女性，使妆色显得热情而奔放	适用于皮肤较白的青春少女，使妆色显得清新柔美	使妆色显得光彩夺目，应用范围较广	使妆色显得柔和，适用于较成熟的女性

5．妆色与服装的搭配

人的整体造型中，服装是表现效果最显著的部分。所以化妆不能独立在整体感觉之外，妆色要与服装的颜色相配合，从而达到完美的色彩感。服装与化妆搭配，容易产生整体的协调美，也可以运用对比色搭配，或其他方式的色彩搭配，主要取决于化妆的类型及方法。

为使化妆与服装的颜色能完美搭配，简单的方法是将服装按颜色的冷暖、深浅进行分类。脸部的主色调与服装主色调相一致或接近时，整体有统一协调感，多用于生活领域的化妆。反之，成对比关系时，整体效果有动感。

具体内容在下文“服饰与化妆”中有详尽的描述。

单元小结

本单元主要从绘画基础理论——素描和色彩的角度讲解绘画与化妆的关系。

化妆，是在人的面部进行形与色的刻画。所以，绘画知识对学好化妆来讲是必不可少的。无论是对初学者还是对有经验的化妆师来说，掌握基本的素描和色彩常识都有现实意义，对提高化妆技术水平及个人审美能力都有着重要作用。

职业技能鉴定要点

行为领域	鉴定范围	鉴定点	重要程度
理论准备	素描	素描的基础知识	★★★
		石膏几何体绘画表现	★★★
		石膏五官的绘画表现	★★★
		头部形态的绘画表现	★★★
	色彩	色彩的基础知识	★★★
	化妆常用色彩搭配	化妆常用色彩及搭配	★★★
		眼影与妆面的搭配	
		腮红与妆面的搭配	★
		唇色与妆面的搭配	
技能训练	绘画	石膏几何体组合素描	★★★
		石膏五官切面素描	★★★

单元测试题

一、简答题

1. 简述明暗关系的三大面。
2. 简述素描的造型手法有哪些类型。
3. 简述素描的一般表现步骤。
4. 简述色彩的三要素。
5. 简述三原色与三间色的区别。
6. 简述化妆常用色彩的搭配方法。
7. 简述多种眼影的组合方法。
8. 简述唇色与肤色的配合方法。
9. 列举两种新娘妆的眼影搭配。
10. 列举两种宴会妆的眼影搭配。
11. 解释何谓补色。
12. 解释何谓复色。
13. 解释何谓色调。

二、操作题

1. 石膏几何体的写生。
2. 石膏五官的写生。

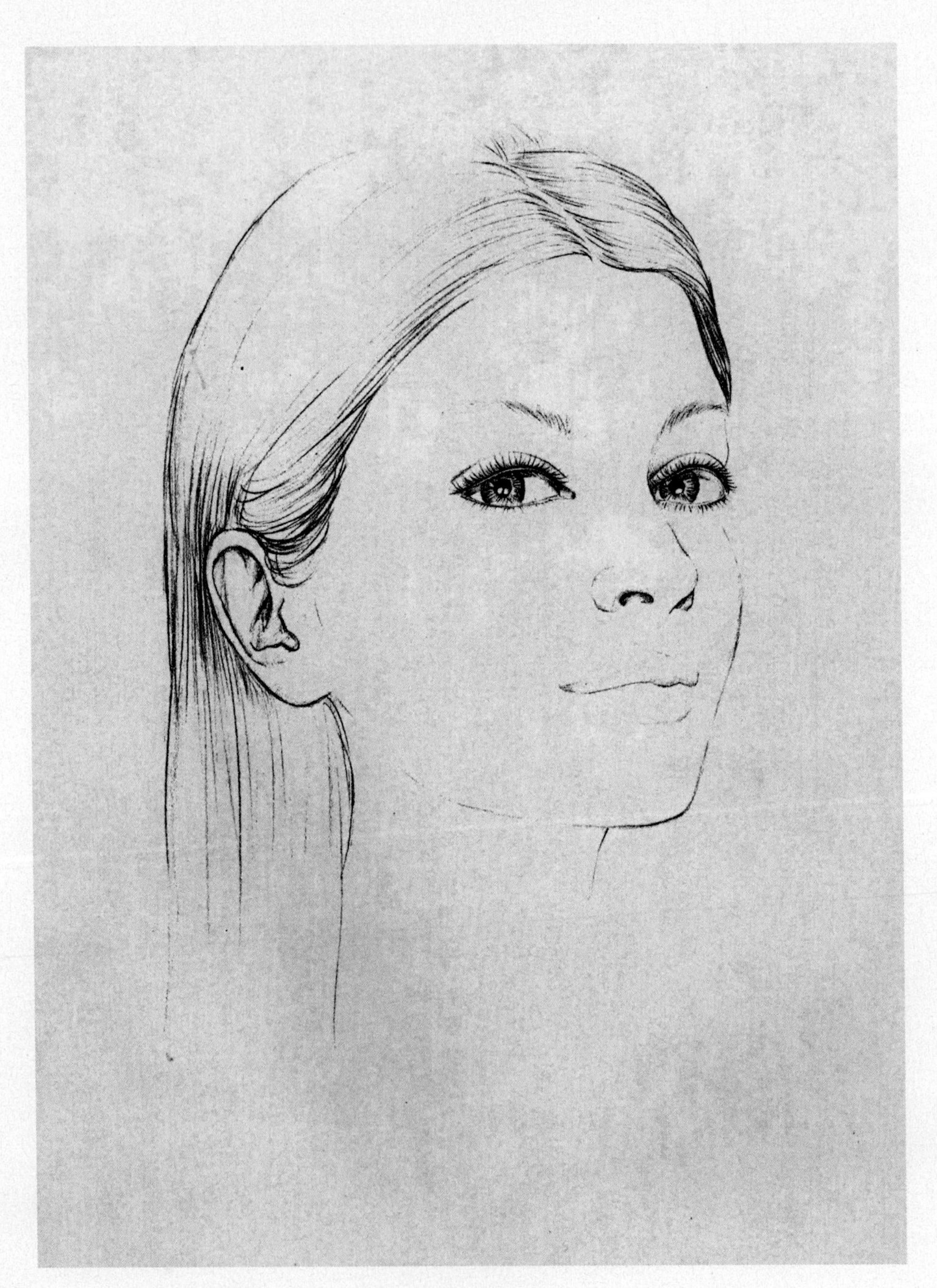

妆容色彩搭配练习模板

第4单元
不同妆型特点与化妆技法

4.1　生活淡妆

4.2　生活时尚妆

4.3　宴会妆

4.4　婚礼妆

引导语

化妆可以展示和补充自然赋予人们的容貌美，塑造各种美的气质与内涵。但化妆不是孤立存在的，与整体形象的和谐是体现化妆美的关键。

针对不同的应用场合、不同的应用目的、不同的应用环境等诸多因素，要采取不同的妆型来配合整体形象风格，才能使化妆美融入人的生活，真正表现出人的气质与个性，使人的形象生动而富有美的韵味和魅力。

化妆的目的不仅仅是美化人的形态，它能够广泛地渗入人们的生活之中，更重要的是化妆具有某种实用目的。根据个人的气质、年龄、职业、季节、环境、场合等因素，要采取不同的化妆风格、不同的化妆手法。

本单元的学习注重妆型与技法的配合，是前部分学习的一个总结。所以，要加强造型能力的培训，平日大量的操作练习和妆型设计的锻炼不可少。同步的学习是搜集相关图片和文字资料，训练鉴赏、判别、读解能力，绝对要避免只局限于课堂示范妆面的程式化学习。

4.1 生活淡妆

生活淡妆，也就是常规日妆，是生活中应用范围最广泛的妆型。在人们日常工作、生活、娱乐、休闲、居家中均可应用，这种强调自然的化妆方式也适用于各种年龄、各种类型的人，一般适用于女性。

4.1.1 妆面特点

1. 应用于自然光线条件中，采用简洁的手法，对轮廓、凹凸结构、五官等的修饰变化不能太过夸张。

2. 以清晰、自然、少人工雕琢的化妆痕迹为佳。在遵循人们原有容貌的基础上，适当地修饰、调整、掩盖一些缺点，总体看上去使人感觉自然，与形象整体和谐。

3. 用色简洁，在与原有肤色近似的基础上，用淡雅、自然、柔和的色彩适当美化人们的面部。与服饰色调协调，唇色可以适当采用略夸张艳丽的色彩。

4. 化妆程序可根据需要灵活多变。

4.1.2 表现方法

1. 护肤

净面后喷洒收敛性化妆水，弹拍于整个面部及颈部，使皮肤吸收。然后涂擦营养霜或乳液，进行简单的皮肤按摩。

2. 皮肤的修饰

选择粉底时，应以适合化妆对象肤色、肤质的粉底，以薄透、自然的妆效为主，注重持久度与保湿度。含有保湿成分的粉底液可以使肌肤看上去饱满有光泽。如肌肤很干，可在上粉底时，在粉底液中加入些许保湿液，如此才会让粉底的妆效显得更加薄透，也更服帖于肌肤。

在涂粉底时，先在两颊、额头、鼻头、下巴处点上粉底液，用海绵或指腹以圆圈方式向四周推匀，建议容易出油的T区部位则以按压的方式来上妆。对面部的瑕疵，只需在打完底妆后，用遮瑕膏在瑕疵部位稍加遮盖即可。然后用少量透明蜜粉定妆。

3. 眼的修饰

淡妆讲究自然，眼部是修饰的重点，在淡妆中要仔细处理。

（1）眼影。从眼影的搭配到涂抹方法都追求简单，以求自然真实。

1）眼影色彩。应柔和、简洁。要根据服饰的色彩以及皮肤的色调而定。一般选择中性色或略偏冷的眼影色，如浅棕色、粉紫色、蓝灰色、珊瑚色、白色、米白色、粉白色等。详见第 3 单元。

2）眼影的涂抹方法。一般用平涂晕染法。

（2）眼线。一般选用黑色或深棕色。上下眼线应细致而自然，下眼线也可不画。画完眼线后，可用棉花棒或小刷子轻晕画过的眼线，以显得自然，或直接用眼影粉代替眼线笔轻轻勾画。

（3）睫毛。用自然型睫毛膏修饰，增密和拉长效果都需自然。一般以黑色、深棕色睫毛膏为多。

4. 鼻的修饰

生活淡妆一般不画鼻侧影。鼻部有特殊修饰需要者可选择浅棕色描绘鼻侧影，过渡一定要柔和，用米白色等提亮色提鼻梁，明暗对比偏弱，效果自然。通常只用提亮鼻梁的方法修饰。切记鼻的修饰一定要自然无痕。

5. 眉的修饰

以棕色绘出眉形后，用深棕色眉笔顺眉毛长势描绘，要画出线条组合，不要画一条粗线。

6. 脸颊的修饰

常规生活淡妆的腮红应浅淡、柔和，通常使用纯度较低、明度较高的颜色，如浅粉红、浅橘红、浅褐、浅棕红色等，过渡应自然、和谐。

7. 唇的修饰

用唇线笔勾勒唇形，略做造型调整，涂满唇膏后，用纸巾吸一下唇面的油光，效果更加自然。也可不画唇线，直接用唇膏或唇彩涂抹。

常用的唇色有粉红色、米红色，色彩效果娇艳，适宜皮肤白皙的年轻女子；玫瑰红色、赭红色，色彩效果妩媚、成熟，中、青年女子均适宜；橙红色、荧光红色，效果极富表现力，适宜活泼、随意风格的形象；棕红色、褐红色，显示出稳重、自然的效果，适宜年龄偏大的女性及男士。唇膏色的选择要与整体服饰、妆型以及眼影、腮红的风格色彩相协调。

8. 整体效果

在自然光线下检查、整理发型，特别是额前碎发，同时注意配饰、着装的选择。生活淡妆实用性强，一般女性都应掌握，对化妆师来讲是最基础的妆容，也更应细致完成。

4.1.3 不同年龄女性的生活淡妆要点

美的形象是丰富多彩的，对不同年龄女性的生活化妆，要掌握各年龄段女性拥有的"美之精华"。少女的活泼美、青年人的知性美、中年人的成熟美、老年人的慈祥美，都有其特点，也就有了不同的表现形式，互相不可替代。

1. 少女的化妆（见图 4-1）

图 4-1 少女的化妆

清新、甜美、亮丽是风华正茂的少女的化妆要求。妆容的特点在于展示、突显这一年龄段的青春朝气，强调自然天成之美。

在技巧上，应清淡自然、似有若无，切忌浓妆艳抹、失去自然美。由于少女的皮肤细腻、娇嫩、有弹性和光泽，脸形圆而饱满，化妆时可以突出两颊和嘴唇处的点缀，表现甜美可爱的圆脸形。不宜刻意修眉、描眉、涂浓眼影和涂夸张的粉底。此妆型可以说是青春活力的象征，显得美妙绝伦。

2. 青年女性的化妆（见图 4-2）

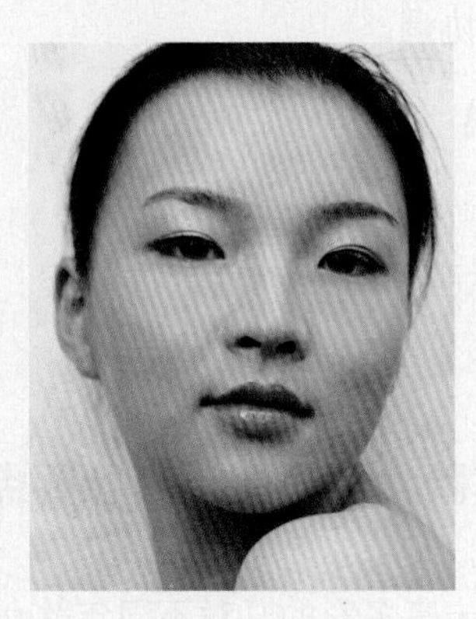

图 4-2　青年女性的化妆

智慧、清雅、优美是青年女性的化妆要求。因为这时她们身上既保持着少女时的青春活力，又因生活、学习、工作的经历，添加了几分雅致的成熟之美。但女性到了这一时期，皮肤已不如少女时红润和有光泽，因而要表现出青年女性超凡脱俗的气质和风度，需掌握化妆的技巧。

化妆的原则是白天讲究化妆的整体淡雅，晚间则可稍微浓重一些。配色要用同系色彩，保持颜色和谐。

具体操作时，则应视容貌的不同情况强调优点、掩饰缺点。特别注意依据化妆对象不同长相和气质特点，把握自然本色是淡妆的重点。青年女性的生活淡妆修饰时，有很大余地，可以根据对象自身条件和独特气质，把握优点、展示个性美，而且美的表现也不是一概而论，一定要有时代特点。但要注意，一定要把握好分寸，不要浓妆艳抹，也忌效仿少女妆，而应重在展现其青春雅致、成熟之美初生的风姿。

3. 中年女性的化妆（见图 4-3）

以表现端庄、稳重的典雅型妆容为中年女性化妆的宗旨。

由于中年正是保青春、延缓衰老的关键时期，这一时期的女性除要特别注意皮肤的保养，还应借助化妆留住青春。中年女性面部皮肤少光泽、变松弛、普遍出现皱纹和色斑；脸发福或偏瘦，前者脸部易有横肉出现，

图 4-3　中年女性的化妆

后者脸上有明显凹凸感；随年龄的增长中年女性的眼角与嘴角也会出现下垂，眼下还会有眼袋。虽然人到中年容貌出现衰老，但中年独有的稳重、高雅、成熟魅力却是青年人所无法比拟的。这也正是中年女性化妆要把握的关键。

因而，中年女性的生活淡妆重在掩饰。通过着意刻画优美的线条和轮廓的装扮，使中年女性在保持典雅气质的基础上，突出自然、优雅之感。配合色彩漂亮、款式新颖的服装，加上大方潇洒的发型，就更显得神采奕奕，也保持了独特的活力。

4. 老年女性的化妆（见图 4-4）

图 4-4 老年女性的化妆

老年人的化妆，应该根据老年人的面容特征，采取简单可行的化妆方法使其容光焕发。步入老年行列的女性，形体、容貌、精神状态都会有明显的改变，可借助巧妙的化妆技巧来适当美化，展现“黄昏”之美。老年女性的妆饰应上下统一而协调，给人高雅得体之感。

在穿衣时，色彩、款式要庄重大方，又要有时代感。最好将皱纹较多、肌肉松弛的颈部掩饰住，使面部化妆效果更为明了。同时，将花白的头发染黑，能显得年轻。有时保留满头华发，也别有风采。如头发脱落稀疏，可以烫发、吹风，让发型蓬松丰满，也可选择合适的假发套佩戴。

5．不同年龄女性生活淡妆具体修饰方法（见表4-1）

表4-1 不同年龄女性生活淡妆具体修饰方法

项目 \ 人群	少女	青年女性	中年女性	老年女性
皮肤修饰	涂上一层薄薄的透明粉底，少量透明蜜粉定妆	依季节和皮肤选粉底，可用接近肤色的粉底液和两用粉饼，稍有遮盖性。定妆粉则应是透明或和粉底色一致的，可令皮肤色泽更柔和自然	选稍暗粉底，沿皱纹伸展方向均匀薄涂，垂直涂会使皱纹更明显，遮眼袋，为掩饰皱纹，须降低皮肤亮度，用质地好的蜜粉扑面。稍用影色自然修脸廓、提升脸形	选用接近自然肤色、偏油性的粉底，过深或过浅色调的粉底反而会使皱纹更为显眼
眼部修饰	画细眼线后晕开，眼形圆而大，薄施柔和浅粉色眼影。睫毛上可涂自然黑色睫毛膏，下睫毛的涂染更可强调明亮的双眼	精心修饰眼影、眼线、睫毛，使眼部更为生动、明亮、迷人。眼影依肤色、服装色等合理搭配，但注意“淡妆”效果，选偏灰、偏粉色系，展现透明亮丽的眼睛。可涂有拉长、增密效果的黑色或棕色睫毛膏，强调明亮的双眼	勾画黑褐色眼线，强调眼神和矫正下垂眼形，施以棕色、棕红、紫灰、蓝灰等偏灰色眼影，必要时可粘美目贴将下垂眼皮贴上去，涂刷有增长增密效果的黑色睫毛膏	眼影不可选用油质的或带有闪光的，会使眼部油腻无神而显浮肿。眼线顺畅清晰，可让其睁着眼来画。睫毛自然修饰，增强眼神的表现
眉的修饰	不刻意修整与装饰，保持原有秀气，如眉形不理想只需除去零乱或过多的眉毛；若眉太稀疏，可用褐色眉笔或眉粉添补	配合发色画出柔和的眉毛	画眉时以棕色打底，后用灰色或黑色加强眉线，使眉毛显得挺拔有力	可将眉毛稍稍描绘，改变眉毛稀少而造成的老态
脸颊修饰	双颊扫以淡淡的粉红或橙色腮红，以表现出丰润鲜嫩、热烈活泼的容颜	涂腮红时，宜在微笑时脸颊鼓起的最高处施打，色调宜与自然肤色相近，或斜打腮红突出知性感，以求淡雅效果，若混合蜜粉涂染，效果更为自然	选用与妆色相配的自然腮红，斜向施打	适当涂些腮红，可营造健康之美
唇部修饰	涂上粉红色、橙色等富有明朗朝气色彩的唇膏或唇彩	选健康、自然、有滋润效果的口红，自然画出完美唇形，轻抹上色，唇色若隐若现是重点	施以棕红色、自然红、偏灰的玫红等中性红色系唇膏	颜色柔和自然，有时搭配服装色彩可用艳色口红，显得特别有神采

4.1.4 职业妆表现要点

职业妆是运用于职业场合的化妆，也是生活淡妆的一种。应当强调，职业妆与宴会妆的亮丽、美艳，舞台妆的浓郁、夸张，婚礼妆的清纯、柔美，时尚妆的流行、前卫都不相同，这类妆型强调的是职业场合和职业特征。

每种职业有其特色，化妆有其规律特点，但也不应一概而论，按部就班，职业妆要能适合职业特征。如商务人员职业妆要求以淡为主，目的在于不过分地突出商务人员的性别特征，不过分地引人注目。如果一位商界女士在工作场合中妆化得过于浓艳，往往会使人觉得过分招摇。

所以，作为化妆师要学会因"人"而异，具体分析，活学活用。

1. 妆面特征

妆面简洁明朗、线条清晰、大方高尚、具有鲜明的时代感，避免浓妆艳抹。既要给人以深刻的印象，又不容许显得脂粉气十足，它要求着妆者化妆后妆容若有若无、自然、真实。使用相应的化妆品略施粉黛、淡扫蛾眉、轻点红唇，用色单纯。化妆色彩以中性色为主，避免用花哨或过艳的色彩。总体来说，就是要清淡而又传神。

职业妆（见图 4-5）要恰到好处地强化展现女性的光彩与自信的魅力。

图 4-5 职业妆

2. 表现方法

这里以一般白领的职场装扮为重点介绍化妆要点。

（1）护肤。洁面后喷洒收敛性化妆水，弹拍于整个面部及颈部，使皮肤吸收。然后涂擦营养霜或乳液，进行简单的皮肤按摩。

(2) 皮肤的修饰。依季节和皮肤条件选择与肤色接近的粉底薄涂，强调皮肤的自然光泽，用透明蜜粉固定粉底色。

(3) 眼的修饰。自然为主，不宜太明显。在工作场合，闪亮的自然和谐的眼妆、柔和的眼线，使眼睛看起来生动有神、明亮，增添知性魅力。

1) 眼影。选择褐色、烟灰色或紫棕色配象牙白色或米色，沿着睫毛边际眼窝线涂抹，强调眼部凹凸结构，但用色要浅，力求自然清雅。

2) 眼线。用黑色或深灰、深棕色眼线笔画出略粗的上眼线，下眼线从外眼角向内眼角描画至 2/3 或 1/2 部位，要细而清晰。眼线应若隐若现，描画太重会显生硬，以棉棒晕开后，再涂上一层眼影。用眼线笔描画眼线，与眼影重叠营造出"隐形眼线"风格，还可防止眼妆变花，呈现知性之美。

3) 睫毛。以深褐色或黑色睫毛膏，加深眼睛明亮感。用睫毛梳将粘在一起的睫毛梳开，感觉更为细致。

(4) 鼻的修饰。有需要时，选择浅棕色轻轻晕染鼻梁两侧，否则会显得失真。鼻梁上用象牙白色或米白色提亮，明暗过渡要柔和。

(5) 眉的修饰。眉形要修饰整齐，除去散乱多余的眉毛，但不宜过细。用棕色或灰色眼影粉打底，再用深棕色眉笔一根根描画。眉形宜平，眉峰略突起，眉尾要短一点，强调职业女性的知性魅力。

(6) 脸颊的修饰。斜向施以腮红，用色自然，如棕红，灰红，浅红等。多补些腮红，就可以加强女人味。

(7) 唇的修饰。唇轮廓勾画清晰，唇峰略有棱角，唇膏选择棕红色、豆沙色等纯度偏低的色彩，和唇线的交界处要完全柔和晕匀，使唇显得自然、健康。

(8) 整体修饰。职业女妆刚柔相济、端庄得体、有都市气息，既符合职场的严肃、冷静感，又不失女性的娟秀多姿感，所以把握修饰度是关键。精致淡雅的妆容、刻意塑造的发型、简约大方的饰品、讲究合体的服装，能综合表现出职业女性的典雅、有品位，喷洒一点香水则更显优雅、清淡。

4.2 生活时尚妆

生活时尚妆是具有鲜明时代感、社会性，能反映社会流行大趋势的年轻型化妆，是时代的产物，是对一种社会审美观念的反映，是生活中的人们在一定时间段和地域环境内，把时尚信息和对美的个性追求表现出来的途径之一。

由于社会在不断发展，在各个生活领域都有流行存在，人的观念变化及每年或每季整体时尚的变化也同样影响着流行妆面的发展，所以每个时代都有其流行的妆面，化妆师一定要能跟上时代的步伐，关注多变的流行趋势，要学会正确对待流行，顺应流行，又不随波逐流，要掌握表现流行的主动性。

4.2.1 妆面特点

强调前卫、流行的特点，但反映的也是生活中人们对美的认识，不断推陈出新的妆容给人们的生活带来更多的活力与情趣，所以造型夸张却不脱离美感，随意却不脱离生活。它具有相对自由的表现手法，富有个性，表现效果强烈而且具有流行的风格，是年轻人所喜爱的妆型。通常其变化取决于整个社会时尚的大变化，前卫、时尚的信息特点会在化妆效果中较夸张地体现出来，生活时尚妆有生命周期，但也有一定的演变规律。

4.2.2 表现方法

化妆师要掌握这类多变的妆型需要注意以下几个方面：

第一，要对流行现象进行仔细分析。生活的时尚包括整体造型中每一处细节的刻画，妆容、发型、服装、配饰等都是紧密相连的，是一个流行系列。通过整体造型显示出流行、活力，具有特色情调。

第二，要充分利用化妆对象自身容貌和气质的特点。一味追求时髦而忽略了〝适合〞这一重点，再时尚的妆也会显得造作。真正的时尚精神既反映在外部仪容的装饰，也渗透至人的内在气质。

第三，流行色的运用也是体现时尚的关键。生活时尚妆的用色具有比较超前的流行性，以美为基础，色调多为引人注目的色彩，显示着一种独特的青春气息，妆色组合清晰、明朗、特别。用色丰富却不杂乱，或亮或暗、或艳或灰，都反映了强烈的流行气息。

第四，化妆材料不断多变的质地效果和新工具的出现，为流行妆容的表现提供了很大空间，这对生活时尚妆的塑造非常重要。化妆师要不断分析、观察，最后灵活运用于实践操作中。

下面介绍一般生活时尚妆的修饰重点。

1. 护肤

洁面后喷洒收敛性化妆水，弹拍于整个面部及颈部，使皮肤吸收。然后涂擦营养霜或乳液，进行简单的皮肤按摩。

2. 皮肤的修饰

根据形象风格及肤色选择粉底，或深或浅、或薄或厚、或润或干、或闪或粉，从产品选择到效果体现都有流行特点。

3. 眼的修饰

时尚妆对于眼部的描绘相当重要，色彩个性可以展示得丰富多彩。注意，流行没有定式，眼部的眼影、眼线和睫毛的颜色都随流行而变化，当然再多变化也不能脱离美的基本要求。

(1) 眼影。时尚感主要体现在流行色的运用方面。最近以来珠光、有金属感和油质感的产品都很受欢迎。

(2) 眼线。上下眼线的描绘范围和形态应视表现目的和流行趋势而定。眼线色没有局限性，通常选择黑色、深褐色、深紫色，还有蓝色或绿色等彩色系，质地上有流行珠光效果和含金属颗粒的。

(3) 睫毛。一般采用与眼线同色的睫毛膏，除了常用的黑色、棕色，还有蓝色、绿色、紫色、红色等，效果朦胧，有一种飘忽不定的感觉。也有的在局部粘贴假睫毛，或用含亮颗粒效果的睫毛膏效果也很好。

4. 鼻的修饰

强调自然修饰效果。

5. 眉的修饰

眉的形状、色彩的变化要根据原有眉形和流行的风格而定，可以适当夸张处理。但不论弱化或强调、或弯或平、或细或粗刻画眉毛，都要与其他部位的修饰相协调。

比如，要表现妩媚的风格，可以增加眉形弧度。要显示纯情个性，则可以选择平粗的眉形。要表现野性特色，可让眉毛根根立起或成簇状。又如，眉色也由传统的黑、棕色向部分彩色发展，一般配合妆色眉的颜色选择偏灰色系。

为增加妆效的闪亮感，还可以用金属亮颗粒刷染。

6. 脸颊的修饰

时尚妆的腮红色彩也比较丰富，经常采用的有橙红色、橙色、玫瑰红色、珊瑚红色、粉紫色、紫褐色等。

当两至三种色彩同时使用时，要注意晕染均匀、过渡柔和。

同时，腮红部位和腮红浓淡程度也是流行的一个表现点，近期流行中心浅腮红。

7. 唇的修饰

唇形的修饰是或强调轮廓、或弱化轮廓，或自然、或饱满。

唇膏的色彩与质地也是表现重点之一，常用色彩有橙红色、粉红色、荧光粉色、银白色、粉紫色、蓝紫色、粉绿色、金色等，根据化妆表现风格的不同选择唇色，并且应该与眼影、腮红的色彩协调。

同时多样的唇膏质地效果也反映了流行，或亚光、或滋润、或珠光。

8. 整体效果

应整体观察，由于用色鲜明、造型个性夸张，应该特别注意与服装、发式、配饰的整体装饰意境搭配是否和谐统一。

4.2.3 不同生活时尚妆的要点

1. 以皮肤元素为刻画重点

从近期生活妆的流行趋势看，底色效果表现越来越多变，如深和浅、厚和薄、亮光和亚光成了重要的流行因素。粉底的种类也日新月异，化妆师需关注的是时代的最新动态，以皮肤元素为刻画重点，表达时尚，有以下一些妆型。

(1) 透明妆（见图 4-6）。用合适的淡妆衬托出化妆对象的轻松个性，通过剔透自然的妆面体现充满活力的气质。在妆感上，更加强调真我风采，保留本身容貌的特质，以往明艳的眼妆与红唇都已淡出，取而代之的是大地色系与近乎裸妆的自然唇色。特别舒适透气，给人以鲜明的时代感。

这种化妆术适于容貌条件好、能紧跟时代潮流、不拘泥于形式的女性。整体妆容中的光影还是一大重点，无论是唇妆还是眼妆，在低彩度的色系中，可加少量光泽。

图 4-6 透明妆

(2) 古铜妆(见图 4-7)。着意通过自然的麦色皮肤体现健康美，散发着阳光与沙滩的明朗气息，充满了异域风情。适合于个性活泼、率真而热情的女性，特别适合天生肤色较深者，有突出粉质感的，也有追求透亮、轻柔效果的。

配合色彩斑斓、带有民族风情、自然材质的服装和配饰，可以让整体造型充满了与众不同的异国风情。如色彩鲜艳的非洲图案、棉麻质地的服装，木质、石质、骨质等造型特别的饰品，可以让古铜色妆容表现效果更加显著。

图 4-7 古铜妆

(3) 具体修饰方法 (见表 4-2)

表4-2 透明妆和古铜妆的对比

	透明妆	古铜妆
皮肤修饰	用颜色接近本人肤色的粉底液薄涂均匀，有清新透明的感觉。用透明、略含荧光效果的蜜粉定妆，再用浅珠光白提亮面部突出部分	可以用透明度高的浅棕色作为粉底，注意要薄涂均匀，让肌肤有光泽感。用少量含有金色亮粉的蜜粉定妆，之后用淡金黄色的亮粉提亮，可营造出健康的古铜肤色，面部也变得清丽突出，肌肤也有了奇幻般美不胜收的效果
眼部修饰	用肉色、浅粉色、米色、浅珠光色系眼影晕染眼部。用棕色眼线笔描眼线，用棉签将眼线稍加晕染，以显得柔和。在内眼角处和下眼线内侧用珍珠白色眼线笔勾画，可以加大眼睛。睫毛膏涂抹要自然，不能看出有明显痕迹	用深浅不同的眼影使层次鲜明，如用棕色从眼窝染至双眼睑，在双眼睑中间薄施粉金色；或使用明亮眼影（如金橙色），由近鼻梁处向眼头晕开，后在眼尾用相近色（如金黄色、金绿色）轻扫，可增强眼部立体感，突显眼部神采，让眼窝更深邃。下眼睑处靠眼尾1/3部分，使用金褐色眼影。内眼角处以明亮的浅金色眼影绕抹。用白色眼线笔画内眼线。眼线清晰突出，衬托眼神，染深棕色、黑色或带有金属感的深色睫毛膏。注意珠光眼影质感要细，避免画脏妆面
眉毛修饰	不需再用眉笔来修补眉毛，越自然越好。用透明睫毛膏固定眉形，需要补画时，可用深驼黄色眉笔	眉毛略粗，有蓬松感，先以褐色眉笔描画，再用褐色或酒红色眉膏刷染
脸颊修饰	浅粉色腮红轻扫脸颊，犹如皮肤透出的自然红润	颊部尽量不使用偏粉红的颜色，而用略带珠光的橙色系腮红轻扫，展露出健康的面色
唇部修饰	唇部饰以薄薄的浅色唇彩	选择带有珠光感的透明唇蜜，展现透明效果即可

2. 以色彩表现为重点

色彩表现永远是化妆造型的重要造型手段，用丰富的色彩搭配原理表现妆容特色是常用的化妆技巧。生活时尚妆当然离不开流行色的表现。流行色有自身生命周期，也有一定变化规律。被运用至妆容的流行色往往会强调其质感的变化，从而引发更多的表现空间与联想空间，如民族感、季节感等主题的塑造。

下面以近期较为流行的糖果妆为例进行说明（见图 4-8）。

图 4-8 糖果妆

糖果的色彩是柔和、娇嫩的，糖果妆的要点就是运用明亮的色彩缔造透明、甜蜜、梦幻的可爱形象，适合有甜美、清纯、活跃气质的少女。

具体的化妆方法如下：

（1）皮肤的修饰。应要求肌肤透明而亮丽。

（2）眼的修饰。整体妆容上，眼线与眼影仍是重点。

眼影的选择要淡雅，带轻柔的珠光感，常用甜蜜的粉色系、橙色，清新的蓝色系和鲜亮的绿色系，清新而洁净，不同层次的颜色因为有珠光而更加绚丽。将淡淡的却闪烁着耀眼光芒的色彩涂抹在上眼睑，并在下眼睑的睫毛边缘点缀闪光粉提升眼部明亮度。

眼线则以黑色、棕色、蓝色或绿色为主。

上睫毛强调纤长、浓密、向上卷翘的效果，下睫毛则使用自然型睫毛膏来衬托，且根根分明，使双眸大而有神。

（3）眉的修饰。应描画出淡而秀气的眉。眉毛太粗太浓，会破坏少女的优美气质。眉毛过浓的，不妨用褐色染眉膏将眉色染淡。

（4）脸颊的修饰。以脸颊内侧为中心，刷上粉嫩色的腮红，用蜜粉与腮红混合成的蜜粉腮红，可使脸颊呈现无与伦比的粉嫩质感。

（5）唇的修饰。唇部的化妆重视水润质感。

4.3 宴会妆

由于人际往来的日益频繁，人们参加各种正式、非正式宴会的机会也就越来越多，参加正式的宴会、晚会、商务型宴会等往往会被要求"盛装"或"着正式礼服"出席，而且会伴有晚宴、自助酒会及舞会等节目，内容丰富、场面奢华、气氛热烈。因此到场的嘉宾都将以最隆重的姿态出现，与身份气质相符的一切华美元素都被展示出来。化妆也不例外，与以自然、真实、本色为美的生活淡妆相比化妆效果截然不同。精心设计的闪光烁烁的妆容在这种特定的场合和氛围中特别适合。

4.3.1 妆面特点

宴会妆是指参加正式的或比较正式的宴会、晚会等的化妆。为了与豪华的环境、热烈的气氛相融合，人们的整体形象均是精心设计的，具有华丽、光彩夺目的视觉感受。

妆容的效果应该是色彩与整体形象色调协调，用色要艳而不俗，丰富而不繁杂，主色调明确，与服饰相呼应。注意妆面色彩用色略显浓重，但不宜过于鲜艳，否则会显得不协调，反而失去美感。

造型略有夸张，五官与眉的轮廓做适当调整，描画清晰，凹凸结构明显。在本人原有容貌的基础上，适当进行修饰、塑造。特别是眼睛、唇部的造型应该体现整体形象风格，效果华丽、浓艳、引人注目。但是，不能因过分矫正而失去自然、真实的效果。

妆容要与饰物、发型及服装协调，加上得体的举止、良好的谈吐、优美的姿态，展现的是职业形象以外的柔媚轻盈，让人感到高雅、甜美、时尚、魅力无穷。

特别提示：

日宴妆与晚宴妆因环境光线的不同，妆面的浓淡程度也有不同。

同时要考虑室内、室外不同的光线条件，对妆面的要求也不同。

还要强调不同的宴会主题，化妆对象的年龄、气质、长相等因素也是妆面定位的主要依据。

4.3.2 表现方法

这里介绍常规宴会妆的表现要点（见图4-9）。

图 4-9 常规宴会妆

1. 护肤

洁面后喷洒收敛性化妆水，弹拍于整个面部及颈部，使皮肤吸收。然后涂擦营养霜或乳液，进行简单的皮肤按摩。

2. 皮肤的修饰

先涂遮瑕膏或矫正肤色的底霜，然后选择遮盖性强的粉条、粉底膏、粉底霜，使皮肤细腻而富有光泽。

先薄涂一层，粉底与皮肤相贴后再涂一层。并用手轻按，增强粉底与皮肤的亲和力，使脸部自然又不易脱妆。并将裸露的肩、胸、背、臂等部位都均匀涂敷。

粉底色要根据个人肤色决定，不宜太白或太红。可以略深些，以接近肤色稍偏红润感为自然，这样，可使皮肤在强光的照射下显得健康、红润。

接着用阴影色、提亮色粉底适当修饰脸形和面部立体结构，使整个脸展现姣美的一面，再用透明蜜粉固定粉底。也可适当添加皮肤的珠光效果，使皮肤更亮丽、有光彩，但不宜太多。

3. 眼的修饰

眼的修饰是刻画重点，应夸张但自然，避免舞台化效果。

（1）眼影。根据服饰色彩选择适当的眼影，色调富于变化，并且保持其整体性，并可加荧光粉点缀。色彩的明暗对比可强些，强调眼形的凹凸结构。色彩的纯度略高，使妆色显得艳丽。

晚宴妆常用眼影色调组合：

玫瑰红色、紫色、蓝色及银白色，色泽艳丽、华美；

橙红色、鹅黄色及米白色组合，热情，富有活力；

珊瑚红色、紫色、蓝灰色及粉白色组合，典雅、高贵；

蓝色、紫色及银白色组合，神秘、冷艳、超凡脱俗；

米红色、棕色、淡黄色组合，具有华丽、热烈的效果。

（2）眼线。描绘上下眼线增加眼部魅力。上眼线可适当加粗，眼尾略扬并加粗，下眼线的眼尾略粗，内眼角略细。上下眼线的眼尾不能相交。

（3）睫毛。将睫毛夹卷翘后涂染睫毛膏，采用防水加长睫毛膏涂染，涂染睫毛膏时可分两次进行，这样涂得浓些使睫毛显得浓密，又不失其利落自然感。

如果自身睫毛稀、短，可以粘假睫毛，但应与自身睫毛为一体，宜选白然形，使眼睛神采奕奕但无造作感。

4. 鼻的修饰

还是强调自然修饰效果，可根据脸形和鼻形的需要进行矫正。

选择浅棕色或灰紫色修饰鼻两侧阴影，用米白色或白色提亮鼻梁。强调立体感，影色与亮色的对比运用可强些，但过渡一定要柔和。

5. 眉的修饰

可在洁面后护肤前，皮肤干爽时做好。除去散乱多余的眉毛，修出基本眉形。

眉色较艳丽，用羊毛刷蘸棕红色、棕色眉粉涂刷在眉形上，再用黑色眉笔描画，描画后用眉刷将眉色晕开，眉形要整齐，可以适当夸张，但还是要与脸形相适合。

6. 脸颊的修饰

选择与服饰和眼影色协调的胭脂，根据脸形的需求，略有夸张地晕染，色彩纯度偏高，常用色调有玫瑰红色、珊瑚红色、桃红色、棕红色等。

7. 唇的修饰

唇形也需配合脸形。用唇线笔勾画唇轮廓，选择与眼影色、腮红色协调的较浓艳的唇膏涂满唇面，并在唇的高光部位涂增亮唇膏、唇彩或唇油，增加唇部的光彩，也使唇具有立体感。通常选择的色彩有玫瑰红色、珊瑚红色、橙红色、紫红色、赭红色等。

8. 整体修饰

检查妆型、妆色是否对称协调，整理发型、佩戴的饰物和服装，喷洒香水。

4.3.3 不同气质的宴会妆表现要点

宴会本身的主题、形式、环境因素为妆型定位提供了很多具体依据与限制。当今世界，人们越来越注重个人的形象，特别是在社交场合中，女性往往希望一改职场的严谨形象，给人以妩媚动人的印象。加之化妆的风格又变化不断，宴会妆力求表现的是突出个人的独特魅力与风采，或娇艳、或优雅、或古典、或时尚、或可爱，形式丰富多彩，都会在宴会中闪耀光彩，使人赏心悦目。妆容当然不能一成不变。

以下介绍几种常用的表现不同气质的宴会妆。

1. 浪漫型

整体效果优雅、华丽、高贵，给人柔美、温和感。表现在化妆上，是艳丽色彩与优美曲线的丰富运用。如以浓到淡玫瑰红或紫色调为主，点缀以少许的天蓝、浅金，着重体现轻盈、浪漫的韵味，适宜于性格柔美、情感丰富的女性（见图 4–10）。

图4-10　浪漫型

具体的方法：

（1）皮肤的修饰。着妆时粉底浅淡为好，色泽明快、质地滋润。面部结构柔和、自然，脸形轮廓柔顺。

（2）眼的修饰。眼影色彩较丰富，色彩变化对比偏弱、层次柔和。眼影色要与服装色相协调。

例如，上眼睑用浅金色敷内眼角，玫瑰红或紫色涂抹上眼睑，由内向外眼角延伸晕染，逐步变浓，下眼睑紧挨睫毛根部处，用天蓝或浅玫瑰红和浅紫色眼影轻敷，用珠光白色眼影在眉梢下方描画。最后画上紫色或酒红色弧线优美的眼线，轻轻晕染外缘，使眼线自然融入眼部。再用珍珠白眼线笔于下眼线内侧勾画。使用黑色、紫色或酒红色的睫毛膏。

（3）眉的修饰。眉毛依据脸形修成自然弧形，以淡褐色系展现柔和、朦胧感。

（4）脸颊的修饰。选择柔和明艳色调，过渡柔和。如配合以上眼影色可轻轻地在双颊处涂抹一点玫瑰色腮红，就更有华丽的味道了。

（5）唇的修饰。色彩明艳，如粉红、桃红、橙红等。可选用酒红色唇膏，点上透明唇彩效果更为娇艳。若以唇笔细腻地画出强调弧度的唇线，唇的造型饱满、圆润，则较为成熟妩媚。

另外，头发宜梳得蓬松自然些，将额发、鬓角稍稍梳出几缕，使之自然地飘在脸庞边。此款妆容不但能运用在各种场合，也可以让女人展现多变的风情。

2. 优雅型（见图4－11）

图4-11 优雅型

此类型造型格调含蓄，整体效果高贵、雅致、华丽，较适合出席舞会、晚宴等活动。为了表现出最佳状态，与特定场合的气氛相融合，达到情、景、人交融的理想效果，在妆容上着意造就高雅、大方、娟秀、娇丽的形象。

具体的方法：

（1）皮肤的修饰。着妆时粉底选用遮盖性较好的产品，可以使妆容显得更清爽。

肤色白皙为好。用阴影色和提亮色强调立体感，使自然面部结构清晰、起伏有致、层次丰富。同时适当收敛脸形。

（2）眼的修饰。色彩饱满但不落俗套，轮廓清晰。

化妆时根据服装色彩和肤色选择冷暖不同色调妆，暖色妆可选择棕色、明黄、橙红、金色等为主色，冷色妆可选择蓝色、蓝灰、紫色、蓝紫色、银色等为主色，选择塑造的妆容不同，其效果也会不同，暖色调更显成熟些。

一般可用珍珠系眼影，使处于动态中的人显得明艳夺目。上眼睑和鼻根凹陷处可涂上棕色，眼窝处深些。

眼线优美有型，强化描绘，可适当矫正眼形。如果想充分利用灯光的效果，可在画完眼线后，沿上下眼睑抹上金属亮颗粒，或用棉签轻蘸一些彩色珠光粉涂上去，使眼睛清澈明亮。

睫毛修饰很关键，特别加强眼尾部位，必要时可粘假睫毛。

（3）眉的修饰。精心描画，眉形倾向弧度较大，线条明确。用褐色的眉笔画出眉形，然后晕染轮廓线，使其更为自然。

（4）脸颊的修饰。斜向涂染艳色腮红，两侧腮影略深，强调脸颊的收敛、立体、提升效果。色调与眼影协调。

（5）唇的修饰。口红色调明快、清爽、润泽、富有魅力。可用亮光质感的唇膏涂饰，高光部提亮，增加立体感。

另外，再配以缀有亮片、明珠或闪光纤维的礼服，选择特别造型的高贵盘发，加上精致的发饰品，就更加鲜亮闪烁，效果极佳，洋溢着温婉的女性美。

3. 美艳型（见图 4-12）

图4-12 美艳型

本类型妆容通过鲜艳夺目的颜色体现女性娇美性感的仪容。优美动人的曲线，洁白滋润的肌肤，表现出娇艳成熟之美。

所以，在化妆时要着重强调眉、眼线、唇廓等处的流畅曲线，并施以宝石般鲜艳的色彩。特别是眼部的美艳修饰是重点。睫毛膏用深黑色，这样显得对比强烈、色调艳丽。眉可用偏欧式，或用弯挑型。大胆起用饱和度颇高的红色唇膏或唇彩，玫瑰红、大红、中国红可以搭配不同肤色营造出明艳高贵的唇妆效果，唇形饱满，富有魅力。

另外，再配以华丽的艳色衣着、波浪式披肩卷发，就更加楚楚动人了。

4. 古典型（见图 4-13）

图4-13　古典型

古典型妆容具有东方古典美之温和娟秀的特点。如有白净的肌肤、鸭蛋形的脸庞、小巧的嘴唇和苗条身材的女性，运用此化妆法可达到理想的效果，更显淡雅、娴静。粉底采用偏白色系列，五官线条柔和，眼影淡色点缀。眉色宜用黑、灰或黑绿色。眉毛应描细，切忌粗浓。首饰应突出精致、典雅。发型要求整齐、规则。

总之，妆色既要古典化，又不能是净妆，既要表现古典美，又不能缺乏时代感。

4.4　婚礼妆

婚礼是备受人们珍视的重要仪式之一。举行婚礼的季节、环境、形式各有不同，新人的自身容貌、气质条件及礼服选择也各有差异。因此，婚礼妆没有统一的模式，应该根据环境、季节、婚礼形式及新人形象来确定婚礼妆的风格、运用不同的色彩。比如，中式婚礼与西式婚礼的仪式、装束截然不同，化妆也会有所区别。中式婚礼妆相对传统，暖色偏多，显示喜庆；而西式婚礼则要求色调淡雅，显示纯洁。当前一些时尚元素也常出现在中式新娘造型中。

4.4.1 妆面特点

婚礼妆的主要特点是突出婚礼的喜庆、圣洁气氛。妆面不仅要与整体形象和环境协调，新娘、新郎之间更要和谐，刚柔相济。

传统新娘妆（见图 4-14）用色以偏暖色为主，目前冷色也经常被选用。

图4-14 传统新娘妆

现代新娘妆（见图 4-15）妆型圆润、柔和，充分显示女性端庄、娇美、纯洁。

图4-15 现代新娘妆

新郎妆则以不露痕迹为宜，适当修饰的妆型略带棱角，妆色自然，展示男性的英俊潇洒。

新娘妆、新郎妆最好同时化妆、整理，这样看上去更加协调、完美。

婚礼活动过程中，要注意及时修妆、补妆，保持妆面的洁净与牢固。

4.4.2 新娘妆的表现方法

新娘是婚礼中的主角，要用细腻精致的化妆来体现新娘的温柔美丽（见图4 16）。

图4-16 新娘妆的表现方法

下面介绍一般新娘妆的修饰重点。

1. 护肤

洁面后用收敛性化妆水拍于整个面部及颈部，使皮肤充分吸收。涂抹润肤品，进行简单的皮肤按摩，增强化妆品与皮肤的亲和性。

在夏季尤其要选择可以控油的护肤品，防止肌肤出油光，使彩妆脱妆的机会减少。另外，可以备些吸油纸，在肌肤泛油光时，既可吸油，又不破坏彩妆。

2. 皮肤的修饰

为突出新娘的纯洁之美，皮肤的白皙与透明非常重要。

建议新娘在化妆前做一个保湿面膜，如此能改善皮肤的状态，让妆容更加服帖。

完美遮盖皮肤上的瑕疵，调整肤色，肌肤感觉越透越好。

若要皮肤显出整体的透明感，光线打上去能“反射出光泽来”，秘密武器就是妆前底霜。使用带点珠光效果的底霜，不仅能提亮皮肤，还能填平毛孔凹凸和细小的缺水纹，为接下去的粉底铺平道路。

选择粉红色或象牙色粉底，粉底不宜涂得过厚，过厚会显得失真。涂敷时用拍按的方法，使粉底与皮肤融为一体，并将与面部相接的所有裸露部位都涂敷均匀。

适当修容，使面部看上去有自然立体感，脸形也美。

施透明蜜粉遮盖粉底的油光，扑粉要均匀周到，并用粉刷弹去浮粉。

3. 眼的修饰

展示新娘娇柔纯美，突出妆面的柔和亮丽，可以用色彩清新的眼影修饰眼部，以层次法晕染，突出双眼轮廓，刻画明亮、柔美、温和的眼神。

（1）眼影。眼影色与服饰色应保持和谐。以简洁为宜，忌繁杂。

常用眼影配色组合：

珊瑚红色、棕色、粉白色组合，效果妩媚、喜庆；

橙红色、棕色、米白色，富有青春、快乐之感；

桃红色、浅蓝色、粉白色组合，效果娇美、雅柔。

（2）眼线。上眼线弧度适当加大，略粗，显示圆润造型，下眼线从外眼角向内眼角画到 2/3 的部位。

（3）睫毛。强调睫毛长而浓密的效果。夹卷睫毛后采用防水加长睫毛膏涂染，用自然型假睫毛，保持纯洁、自然的效果。

4. 鼻的修饰

画鼻侧影，根据脸形和鼻形的需要自然描画，色彩晕染要协调。

选择浅棕色或浅褐色修饰鼻侧阴影，用象牙白色提亮鼻梁。

5. 眉的修饰

在任何时候都要保持眉部的整洁与清爽感觉。

新娘应在婚礼日前将眉形修好。如婚礼日前没有修整，应用剃刀修饰而不用眉钳，避免局部产生刺激现象。

用羊毛刷蘸灰色或咖啡色眼影粉涂刷出基本形，再用咖啡色眉笔或黑色眉笔顺眉毛长势描画眉形，用眉刷将颜色晕染开，眉色不宜过于浓艳。

6. 脸颊的修饰

通常选择明亮的玫瑰红色、红色、橙红色腮红晕染，色调过渡要柔和、自然，呈现出新娘娇羞甜美、妩媚动人的效果。

7. 唇的修饰

因为要求精致，所以一道一道的唇纹自然不能继续留在双唇上。先涂滋润性唇膏将唇部轻轻揉按，再画唇线、涂唇膏。

用唇线笔描绘唇形，造型圆润。

唇膏要选择一种亮丽的色彩，如玫瑰红色、珊瑚红色、朱红色、粉红色或是桃红色等，色彩要与腮红、眼影相协调。唇色要与唇线色彩融合为一体，高光部位提亮。

涂满唇膏后用消毒纸巾吸去唇面上浮色，然后再涂一层唇膏，使唇色滋润而且耐久。

8. 整体修饰

站得稍远一些看妆容、妆色是否对称协调。然后整理发型、发饰、服装，喷洒香水。

4.4.3 新郎妆的表现方法

新郎化妆的目的是与新娘整体协调统一，强调阳刚精神。力求浅淡，以不露修饰痕迹为好，也可以只对局部进行适当修饰。过多的修饰效果会显造作，起到反效果。男性化妆以增强皮肤的光泽、质感为本。修饰的部位主要是眉形和嘴唇。

1. 洁肤护肤

婚礼日前应做皮肤护理，清除老化角质和黑头等。洁面后喷洒收敛性化妆水，弹拍于整个面部,以利于皮肤吸收。涂擦润肤品,进行简单的皮肤按摩,显出皮肤的自然光泽。

2. 皮肤的修饰

如果面色较差,可以选择透气性强的浅棕色粉底,薄薄涂一层,量越少越好,避免显得过于脂粉气。色调与皮肤肤色要协调。

3. 眼的修饰

在新郎妆中,一般眼部不修饰。必要时可用浅棕色眼影稍晕染,眼线自然,若有若无。

4. 眉的修饰

用羊毛刷蘸少量灰色或深棕色眉粉涂刷眉毛底色,再用棕色或黑色眉笔顺眉毛长势一根根描画,眉形要俊美,配合脸形。用眉刷将颜色晕开,边缘要自然。

5. 脸颊的修饰

如果面色较差,可稍在颧骨处轻刷棕红色腮红。

6. 唇的修饰

不要勾画唇线,选择紫棕色或红棕色唇膏,涂满唇膏后用纸巾吸去表面油质,减少油光感,使唇色显得健康自然。或只用润唇膏涂唇。

7. 整体修饰

站得稍远一些看妆容是否对称协调,整理发型,喷洒男用香水。

单元小结

化妆不是孤立存在的,与整体形象的和谐是体现化妆美的关键。

生活化妆要从生活目的出发,以人为本,注重实用性及审美效果。施以的妆容应力求和谐,以和谐为美。要因人、因时、因地而异,采取不同的妆型来配合整体形象的风格定位,妆容、发型、饰品、服装相互之间呼应和谐。同时注意将流行元素与化妆技术结合起来,使形象具有社会审美的时代感。

职业技能鉴定要点

行为领域	鉴定范围	鉴定点	重要程度
理论准备	生活淡妆	妆面特点	★★★
		表现方法	★★★
	生活时尚妆	妆面特点	★★★
		表现方法	★★★
	宴会妆	妆面特点	★★★
		表现方法	★★★
	婚礼妆	妆面特点	★★★
		表现方法	★★★
技能训练	化妆造型	生活淡妆	★★★
		宴会妆	★★★
		婚礼妆	★★★
		生活时尚妆	★★★

单元测试题

一、简答题

1. 简述生活淡妆妆面的特点。
2. 简述新娘妆妆面的特点。
3. 简述宴会妆妆面的特点。
4. 简述中年女性生活淡妆的修饰要点。
5. 简述老年女性生活淡妆的修饰要点。

6. 简述少女生活淡妆的修饰要点。

7. 简述职业女性妆的修饰要点。

8. 简述透明妆的修饰要点。

9. 简述糖果妆的修饰要点。

10. 简述古铜妆的修饰要点。

二、操作题

1. 青年女性的生活淡妆。

2. 生活时尚妆。

3. 宴会妆。

4. 新娘妆。

第5单元

造型理论的相关基础知识

引导语

化妆是人们外部形象修饰中的一部分，不能独立存在。其变化与人们外部整体形象，也就是与服饰、发型、色彩及表现风格息息相关。所以本单元重点介绍发型、服饰方面的基础常识，以逐步培养化妆师的整体观念和造型能力，提高其综合审美素质。

5.1 发式造型

发式造型是人外部形象的组成部分之一，有鲜明的实用性，又是人们智慧的结晶。发式造型的变化有一定的规律，却没有固定的模式。纵观中外发型发展历史，从形式上和造型上变化多样、日新月异。特别是现代发型在生活中不仅是人外部仪容的装饰，还常展示着人内在的精神世界。得体的发型在生活中不但能衬托美的容貌，还能弥补容貌的某些缺点，从而塑造整体美感。当然，发式造型过程复杂、技术性很强，不是在短时间内就能熟练掌握的。作为化妆师，要学会利用发型的造型特点，通过掌握简单的相关理论和技术，配合化妆造型一起实现人的容貌美。

5.1.1 发式造型工具的选择和使用

对化妆师来讲，在进行发式造型时，和化妆时工具选备一样，要选用正确的工具，不仅使发式造型成为一种乐趣，而且使之方便快捷。应该挑选一些必备的专业系列产品，做出一流发型。现在不断推出的高科技的电动发型工具大大提高了头发吹干、卷曲或拉直的效率。作为化妆师也要熟悉其特性和使用方法。

1. 刷子

刷子（见图5-1）是梳理卷发的必备工具，不但能理顺头发，而且能修整发型，塑造波纹。市场上的刷子品种很多。

图5-1　刷子

（1）滚刷或圆刷。用于蓬松头发和做发卷。吹风时，也可用来拉直头发，或保持自然卷发和波浪发。夹紧头发和控制头发，选用活动短毛滚刷；做小发卷和中发卷，选用尼龙圆发刷；做卷曲发，选用混合短毛瓶状刷；做卷曲发时，选用短毛、中长毛、长毛和超长毛木刷。

（2）半圆刷。半圆刷与蓬松刷的设计原理相同。这一式样的发刷上的天然橡胶垫具有抗静电的特点，垫上有尼龙圆头齿，其齿距较宽，不会扯断或损伤头发。因此，吹风时气流可达头发根部。它有助于蓬松头发和增强动感，使头发看上去更加柔软丰满。

（3）吹风刷。吹风刷是打开干发、湿发上的缠结乱发的理想工具，适用于各种长度的头发和各式发型。宽齿距设计以及通风设计可使热气流直达发根部，加速头发的吹干过程。快速吹干头发，选用风洞式发刷；快而柔地吹干头发，选用折曲通风式发刷。

（4）气垫式和平底式短毛刷。气垫式和平底式短毛刷是梳妆台上的传统发刷，是梳理长发的理想工具，具有平滑头发、增加光泽、减少静电的功能。可以选用大、中、小号的尼龙纤管猪毛发刷、纯毛发刷或尼龙发刷。

2. 梳子

梳子（见图5-2）应有锯齿，但齿刃不应锋利。吹直发时使用九排梳，梳理乱发或上润发露时，选用宽齿距发梳；分发线时，选用尖尾梳；为增加发量，可采用尖尾梳逆梳法进行打毛处理；修饰头发时，选用定型梳。

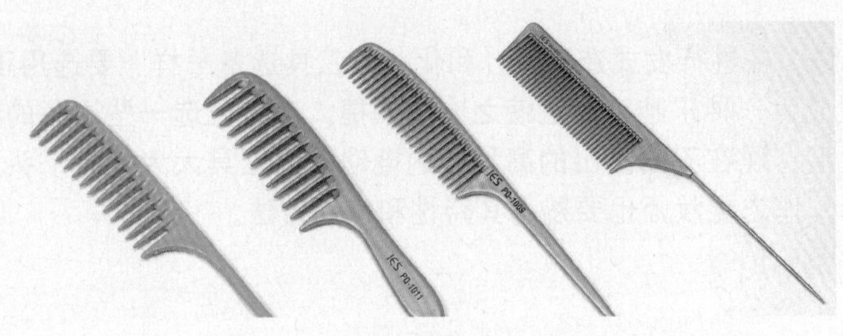

图5-2 梳子

3. 卷发器

卷发器（见图5-3），规格齐全，是做干发卷和湿发卷的理想工具。使用简便快捷，无需发卡、发夹。

图5-3 卷发器

4. 发夹

发夹(见图5-4)是发式造型时的必需品，主要起到固定头发的作用，有各种形状和材质。

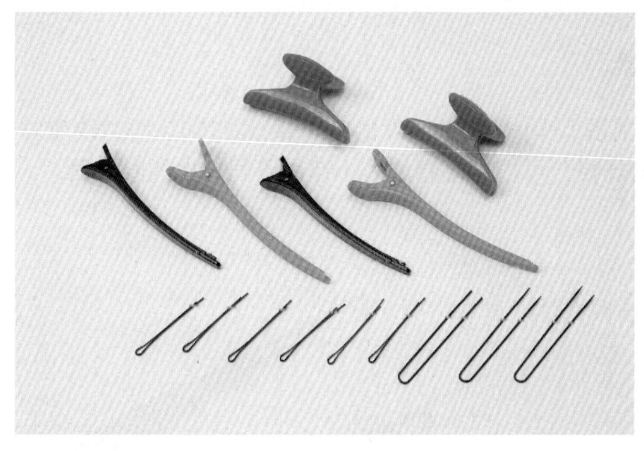

图5-4 发夹

5. 吹风机

吹风机（见图5-5）是塑造发型的重要工具，主要用于头发洗涤后吹干和发型整理，分为有声吹风机、无声吹风机及大吹风机（又称烘发机）。

图5-5 吹风机

（1）有声吹风机。特点是功率大、风力强，适合于吹粗硬的头发，但噪声大。一般按风力设有大风挡和中风挡，使用时可按头发性质选择风力挡，同时风口可套上扁形或伞形的吹风套，使风力成一条线或一大片。

（2）无声吹风机。无声吹风机噪声小，按温度的高低分一挡和二挡，适合于吹细软的头发或头发定型时用。

(3) 大吹风机。大吹风机又称烘发机，主要作用是头发盘卷发圈后套在头上吹干发圈上的头发。

另外，还有家庭用吹风机、红外线吹风机、分离式吹风机等。

6. 电热卷发器

电热卷发器（见图 5-6）是卷曲头发的电热棒，通过加热暂时改变发丝卷度，快速便捷。卷筒的粗细有不同规格，可根据发卷的大小选用不同规格的卷发器。

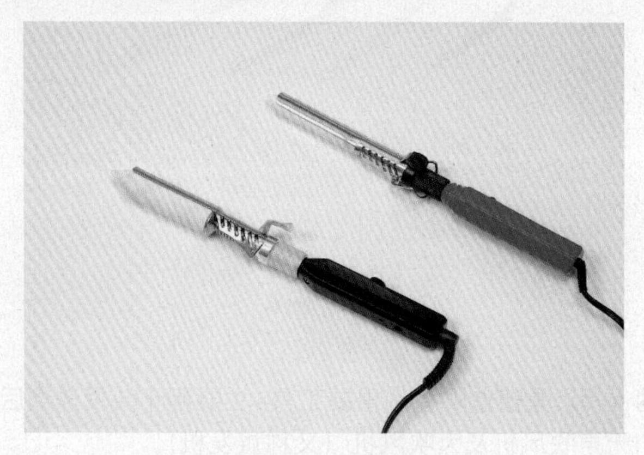

图5-6 电热卷发器

7. 电热定型器

电热定型器（见图 5-7）具有拉直头发、定型及改善发质等功能。还可配置不同夹板，夹出不同卷曲的发丝，如麦穗状，成型快速、使用方便。

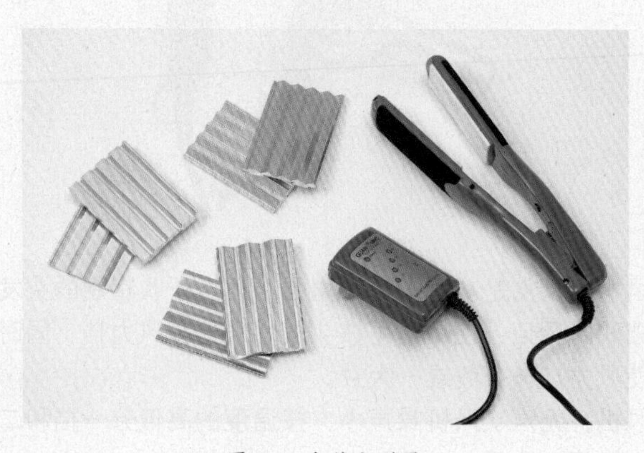

图5-7 电热定型器

5.1.2 发式造型产品的选择和使用

随着科学的进步，美发、固发用品越来越多，功能也越来越全面。常用的美发、固发用品有下列品种（见图5-8）。

图5-8 美发、固发用品

1. 发油

液体状，无色，无味，能增加头发的油性，保持头发的亮丽光泽。但过量使用会使蓬松的头发失去张力。

2. 发蜡

膏状，色泽不一，具有芬芳香味，油性较大，也有一定的黏度，适用于头发造型，可改善头发蓬松的现象，使头发有光泽感，保持发型持久，又有动感和层次感。

3. 发乳

乳状，白色，富含水分，油质少，不但便于造型、增加头发的水分和光泽，还使头发没有油腻感。

4. 发雕

乳状，有黏度，便于头发造型，并使头发具有一定的柔软度和光泽度，有微湿的视觉感，能让秀发充分展示线条美。

5. 啫喱

透明膏状，色泽不一，用于局部造型，起固发保湿定型作用。

6. 发胶

种类较多，硬度不一，有无色的、单色的、七彩的，便于局部造型，起固发作用。可根据不同造型效果选择不同种类的发胶。

7. 摩丝

白色泡沫状，具有芬芳香味，用于局部造型，起固发作用，并能保持头发的湿度和亮度。

5.2 盘（束）发的梳理

5.2.1 盘（束）发的种类

一直以来，人们在塑造发型艺术上花了很大的精力，表现出了极高的智慧。目前，每个国家或每个民族都很重视修饰发型，其原因是发式可以做多种变化，正确的塑造可以充分展现出个人的风格与品位。

盘（束）发是我国传统发型之一，在各式发型中有着独特的效果。从古代流行至今经久不衰的主要原因是它具有式样高雅华贵、端庄大方、立体感强、造型变化多、形象逼真等特点。

发结、发髻、发辫是盘（束）发的三种基本形式。随着时代的发展、科学的进步和人们的审美水平的提高，盘（束）发的种类不断丰富、发展。根据人们活动的场合、环境的氛围，盘（束）发大致可分为婚礼盘（束）发、晚装盘（束）发和休闲盘（束）发三大类。婚礼盘（束）发和晚装盘（束）发是礼节性发型，休闲盘（束）发是生活发型。当然，还有些是艺术型盘（束）发。

发结、发髻、发辫各自可独立成型，也可相互结合成型，其种类分别介绍如下。

1. 发结

发结实际上是一种束发的方法，是用发夹、橡皮圈将发束根部固定，或直接用发带固定来改变某一部分头发的自然垂直状态，对发式起着衬托和装饰作用，使其形成更多的发式变化。

发结的不同位置和直卷程度表现出的风格有很大差异，与人的身高、脸形、体型等关系密切，对表现不同年龄女性的性格有着直接关系。

直发直接梳绑，休闲家居。直发抹用美发产品后梳整，时尚有型，有知性美。卷发绑结后则具女性韵味，将烫过的头发，抹用美发产品后用手指抓成发结，随意而流行。用电热卷微卷过后梳理显得柔美而婉约。

发结的位置可以在头顶、脑后、后颈部、头两侧等，可根据不同的要求及发结造型需要来定。发结的尾部头发刚好盖住后颈发际线的发结，漂亮又时尚。长度若超过发际线，则给人轻松休闲感。

扎结的方法有以下四种：

（1）一侧扎结。先把头发梳顺，在头顶部挑起一道二八分或三七分的头缝，小边的头发向侧面横梳，大边的头发斜着向后梳，额前刘海应预先挑出梳好。用梳子自顶部挑起一束成片形的头发梳齐。用发带在头发上打结，结的位置应在大边的耳廓上端，也可用花式发夹代替发带束住头发。

这种扎结适用于直发类平直式短发，梳成后的式样活泼。如发结的位置低，则显文静。

（2）两侧扎结。使人显天真，活泼。与一边扎结方法基本相同。只是中间对分头缝，左右两侧耳廓以上各扎一个对称的结，除短发外，卷发类中长发和发辫中的双辫、短辫也都适于此法。

（3）脑后扎结。这种发结适宜长发或中长发，顶部及两侧头发都向后梳，额前式样按脸形设计。头发全部向后梳拢，将左手的拇指和食指张开成八字形，沿脖颈伸入发根内，将发根全部纳入两指，随之将手指自发际线向上托至枕骨位置上，右手拿梳子在两侧及顶部梳理，用发带将全部头发扎成一束，卷曲的发梢从枕骨向下自然垂荡。自然下垂的头发可梳成马尾形、波浪形等各种形状。

（4）顶部扎结。这种发结使人突显个性，但较适宜长发，将四周头发全部梳向顶部，也可稍偏左或右，然后用发带将头发扎成一整束，发梢任其自然下垂。注意后颈发际到发结不可太松散。头发表面若凹凸不平，可用尖尾梳的尖柄插入整平。

2. 发髻

发髻是盘发类的发式。发髻的形状丰富多变，发髻内还可衬以假发。直发和卷发只要有一定的长度均可盘发髻。

（1）直发盘髻。先将头发自顶部及两侧向后梳拢，刘海部分头发预先挑出，用橡皮圈把顶部梳齐的头发与垂在后面的头发沿发际线根部束扎在一起，绞拧成股，围住根部束扎的地方，盘成各式发型，用发夹固定，发梢藏在里面，也可留些发梢在外加以点缀。

（2）卷发盘髻。卷发的发髻，基本上都是以长发的发梢盘成几只大型筒圈作为梳理基础。

梳理时，先将额前头发挑出，按式样梳好，顶部及两侧梳出需要的花纹，然后在枕骨位置上，把后颈头发并拢，用橡皮圈或头绳扎紧。这时筒圈就集中在一起，再用梳子将其挑开，必要时也可把一只筒圈分为几段，使其排列成圆形，发梢仍向圆心方向卷，把外圈的头发丝纹理顺，即为圆筒髻，也可按前法把头发扎紧后，再将筒圈拆散，分成几股从四周向中间梳成有起伏的波浪形发髻、花瓣形发髻和优美线条图案形发髻，或其他不规则的形状等。

总之，只要配合头型，可以任意变化。

3．发辫

发辫是束发类的发式，具有我国民族传统，按传统常用的是三股辫，位置一般在耳后两侧和脑后。现在发辫的变化很多，而且梳辫的位置也可以随意定位。

5.2.2 盘（束）发的基本手法

1．拧绳手法

拧绳手法有不同操作技巧，此手法的最大作用是可以将头发长度缩短，塑造独特的肌理效果，增加层次感和立体感，完成一款别致的休闲发式（见图 5-9）。

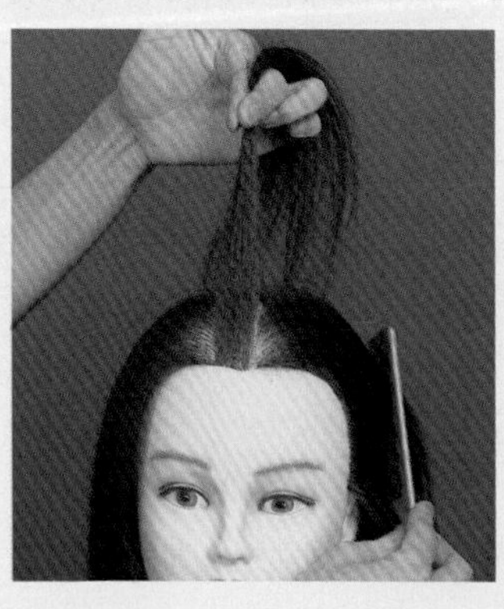

①分出一束发片梳顺

②喷上适量的发胶

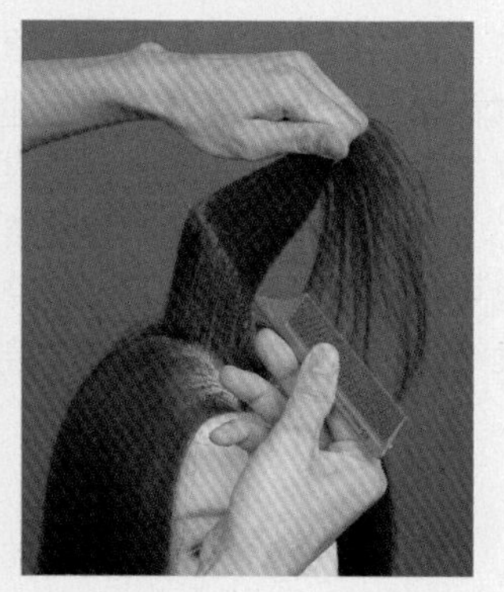

③将挑梳尾部放于发片下面

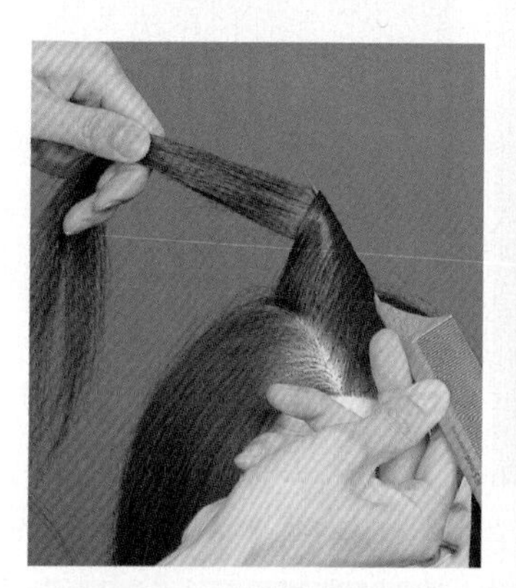

④进行顺时针方向缠绕

⑤缠绕后的形状

⑥取出梳子，上发夹，固定

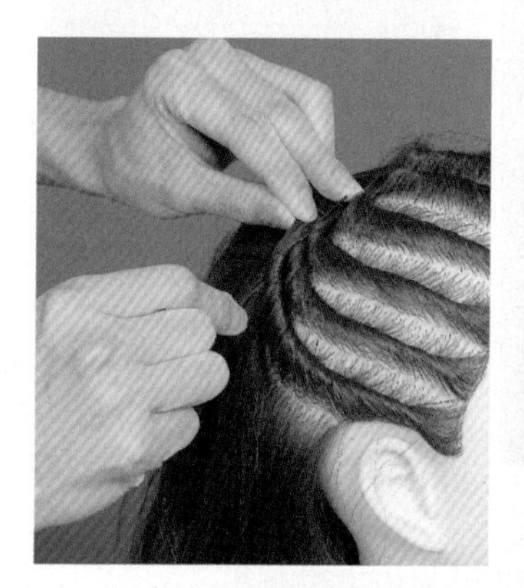

⑦完成后的一边效果

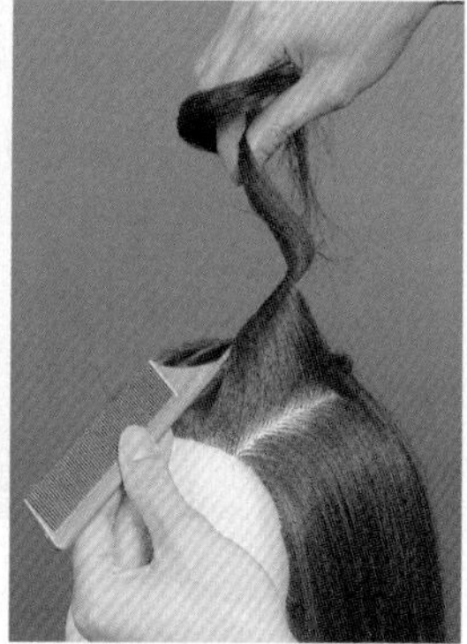

⑧用同样的技巧完成另外一边

⑨整个前区头部完成的效果

图 5-9　拧绳手法

2. 打结手法

打结有多种技巧，能控制长发快速完成一款别致的休闲发式。

（1）打结手法一（见图 5-10）。

①分出一束发片提升

②梳顺，喷定型胶

③将左手的中指与食指放于发束下面

④顺时针缠绕

⑤将手指夹住缠绕的发片

⑥进行打结

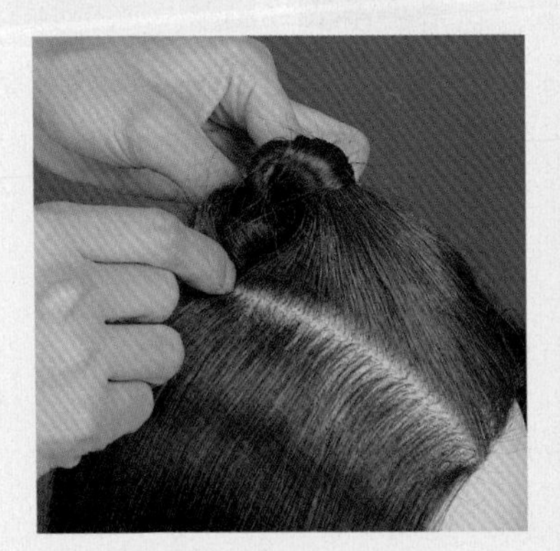
⑦将打好的结上发夹、固定

⑧以此类推达到最后的效果

图5-10　打结手法一

(2) 打结手法(见图5-11)。

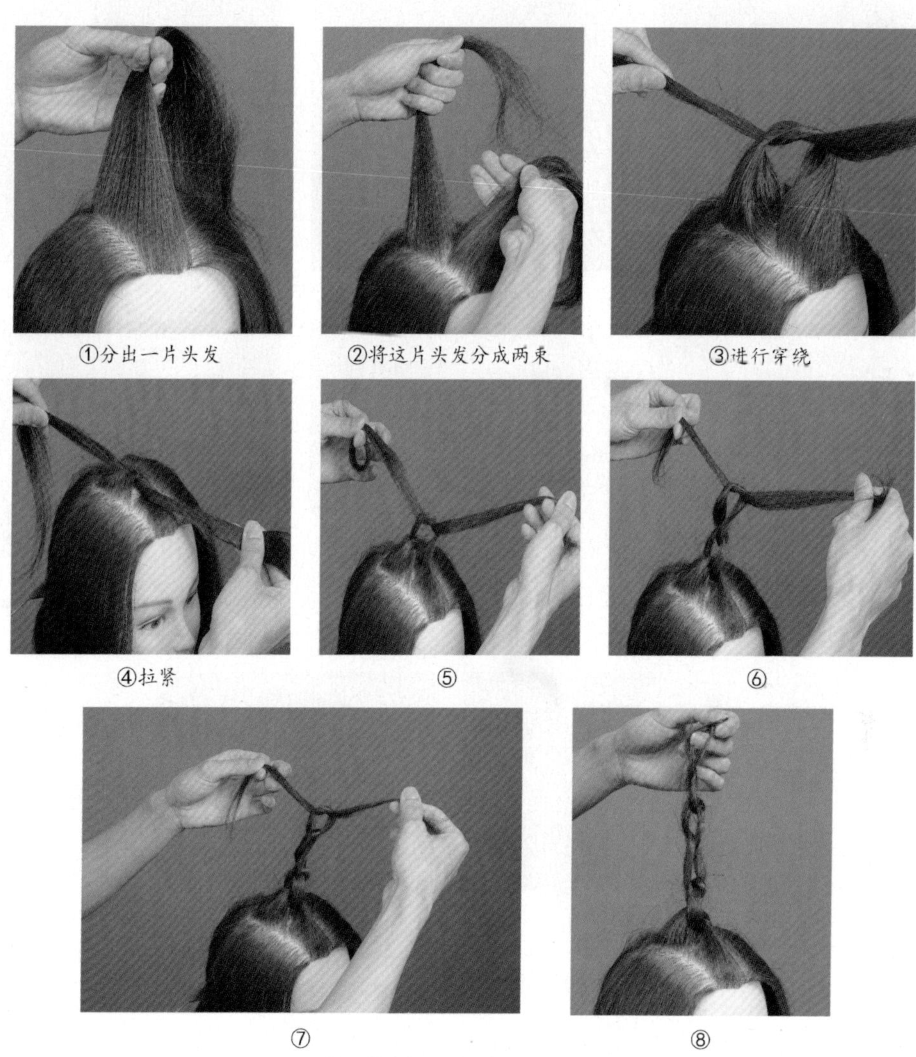

①分出一片头发　②将这片头发分成两束　③进行穿绕

④拉紧　⑤　⑥

⑦　⑧

⑤～⑧重复同样的技巧完成最后的效果

图5-11　打结手法二

3. 直式滚卷(见图5-12)

简单的发髻制作法，发髻的位置相当于眉的高度，这样两侧的线条才会对称协调。头顶的发梢和后颈处的造型不要偏离头部弧线。

①将后发区的头发梳顺于右下侧

②左手按紧头发

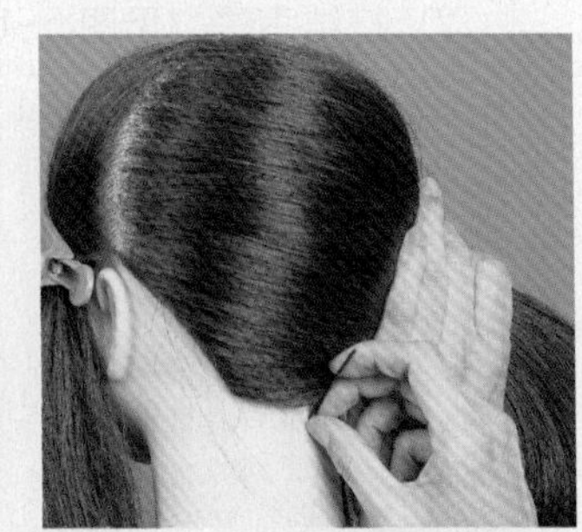
③右手拿发夹，从下向上贴着头皮固定

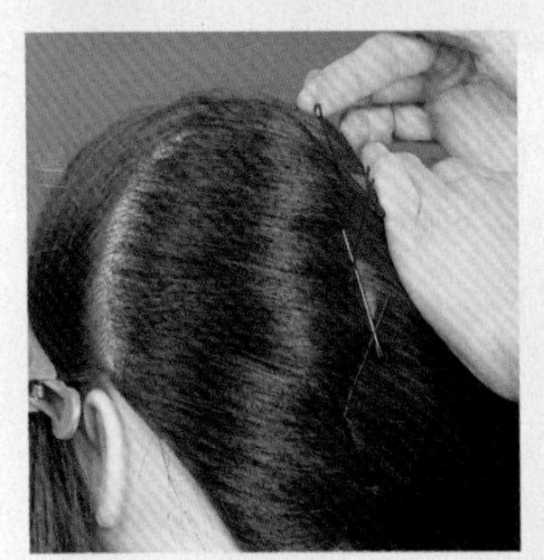
④上发夹后效果

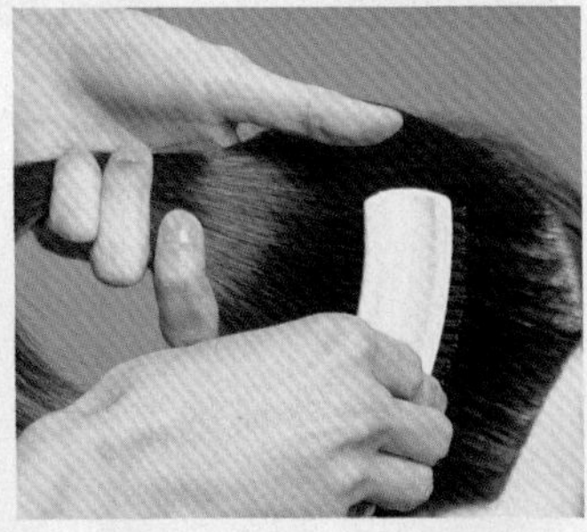
⑤将剩下的一侧头发梳顺

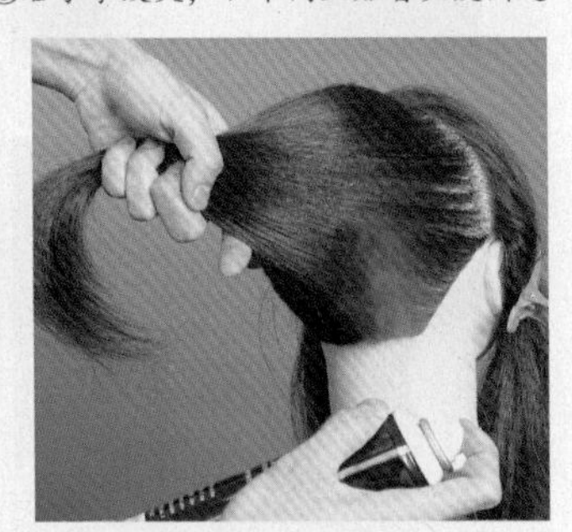
⑥喷上发胶

⑦将发尾收藏

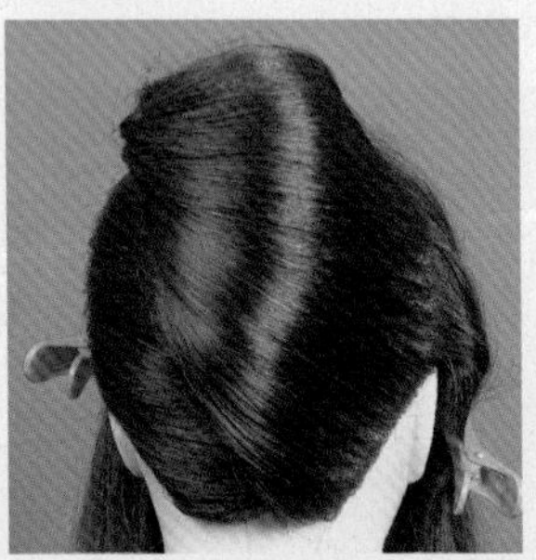
⑧完成最后的效果

图 5-12　直式滚卷

4．双重滚卷（见图 5-13）

双重滚卷能帮助密度不足的头发增加发量感，使发型显得丰满。

①分区

②在后发区左侧分一束发片

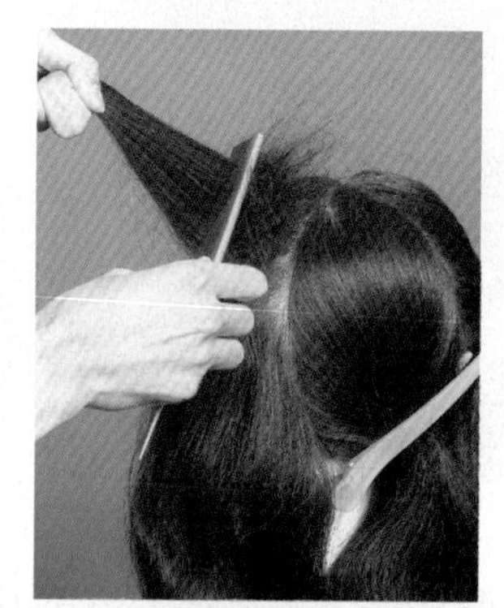

③进行倒削

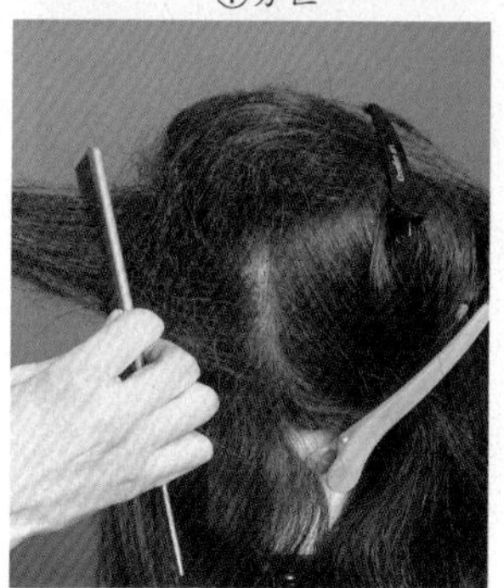

④继续分发片倒削

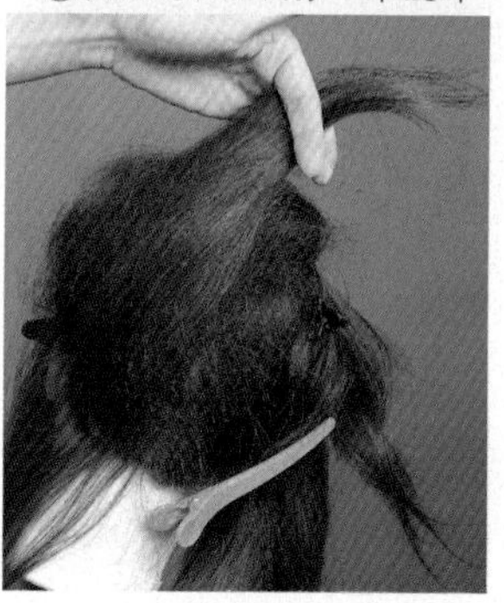

⑤把所剩头发全部倒削

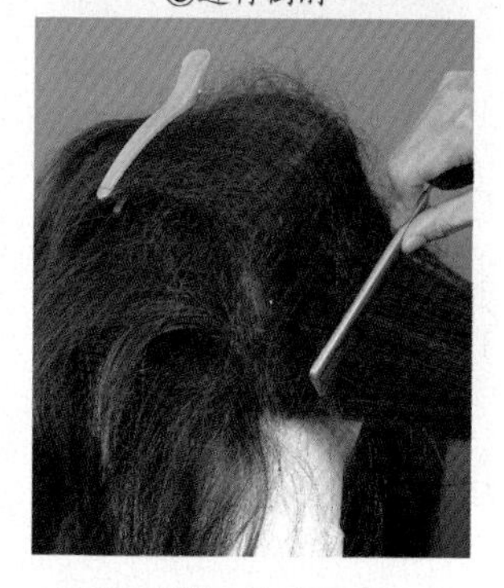

⑥用同样技巧完成右边头发

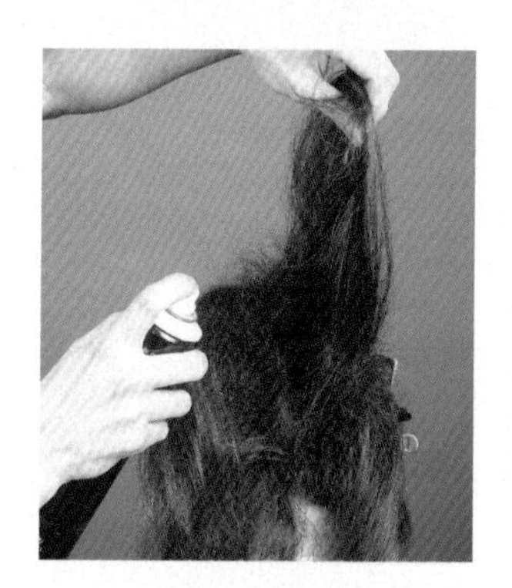

⑦喷上适量发胶

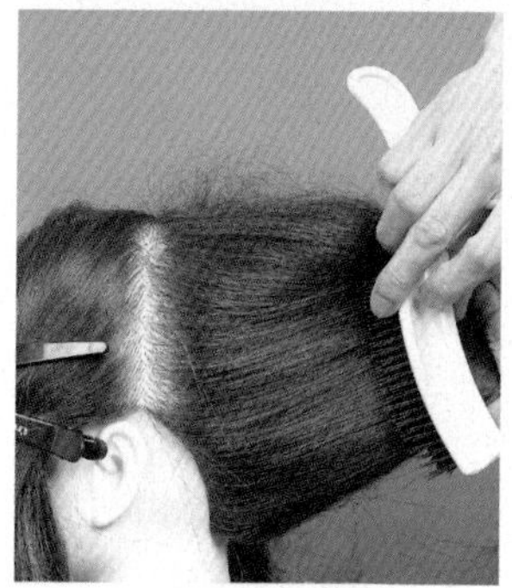

⑧将发区左侧所有头发收在手中梳顺

⑨喷上发胶，表面梳光，向内收紧头发

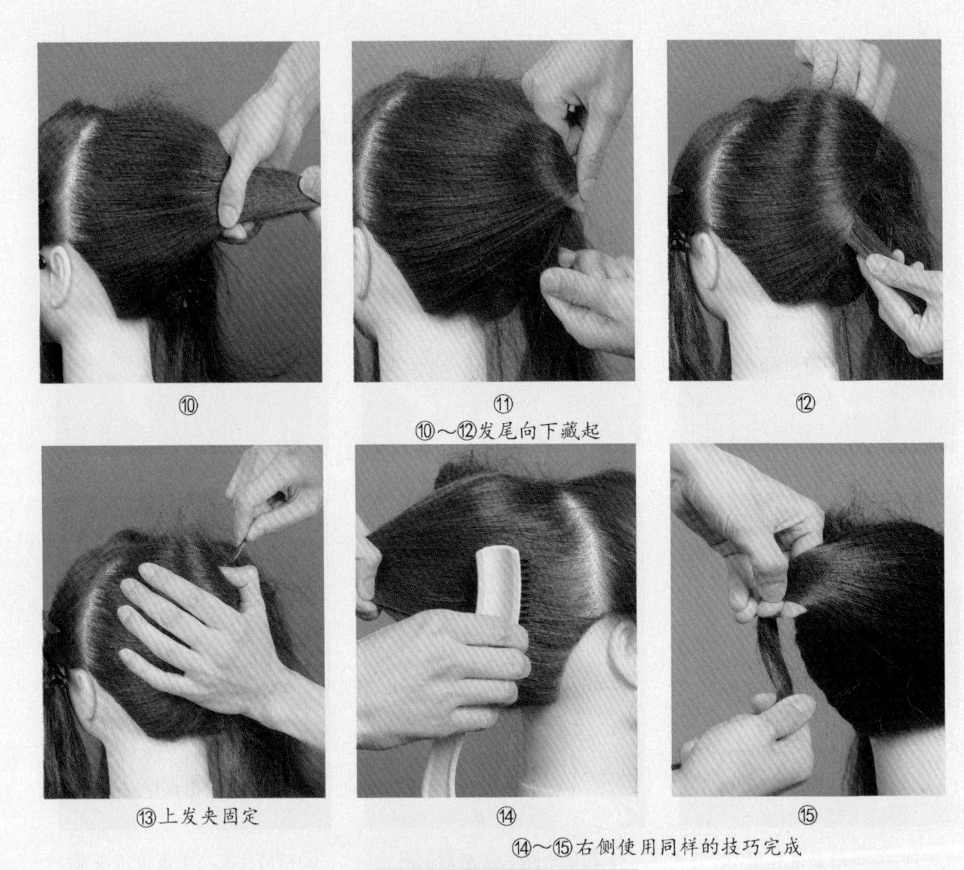

⑩ ⑪ ⑫

⑩～⑫发尾向下藏起

⑬上发夹固定 ⑭ ⑮

⑭～⑮右侧使用同样的技巧完成

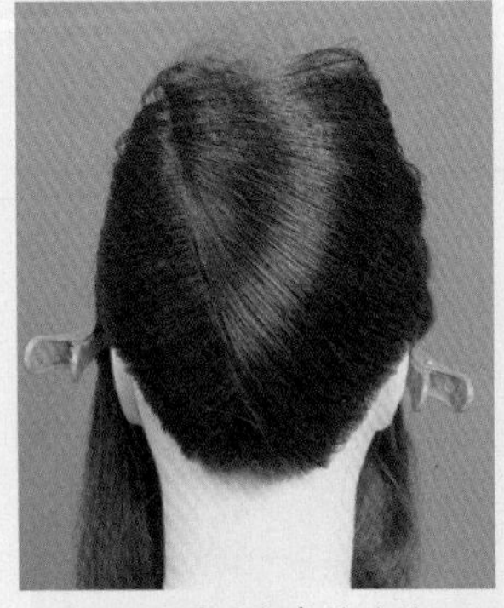

⑯最后完成的效果

图5-13 双重滚卷

5. 演变手法（见图5-14）

以之前的盘（束）基本手法为基础，归纳要点，可进行自创。

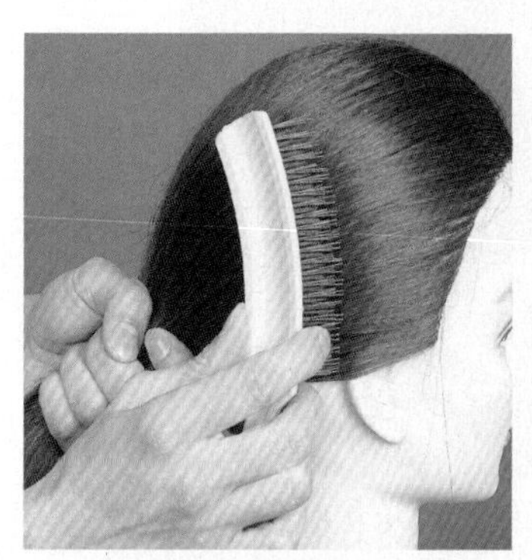
①将所有头发梳向手中

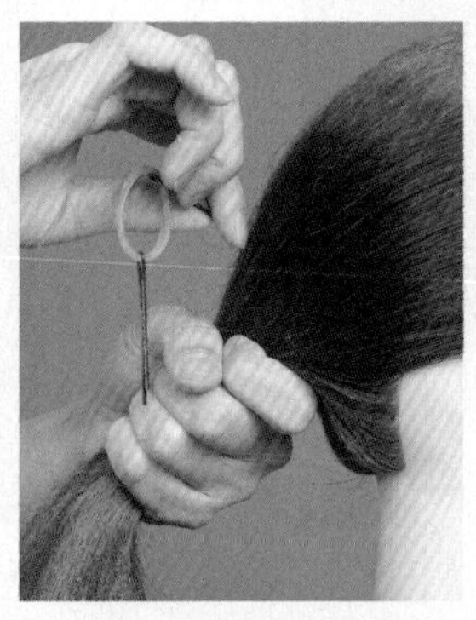
②用手捏紧所有头发

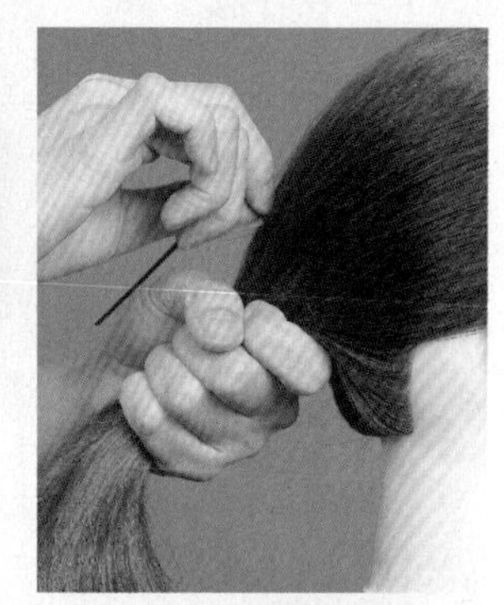
③上发夹

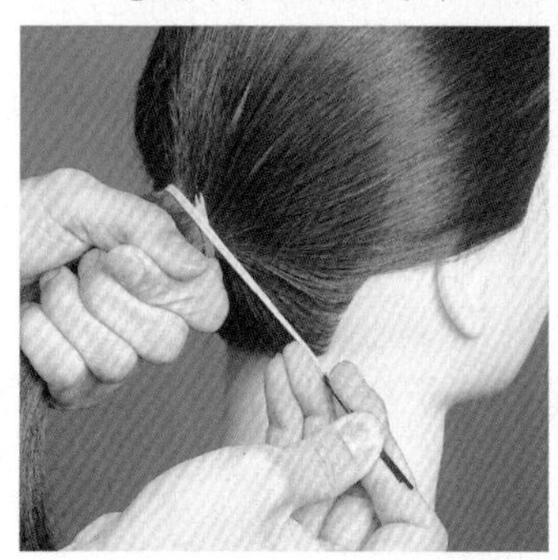
④顺时针方向缠绕橡皮筋

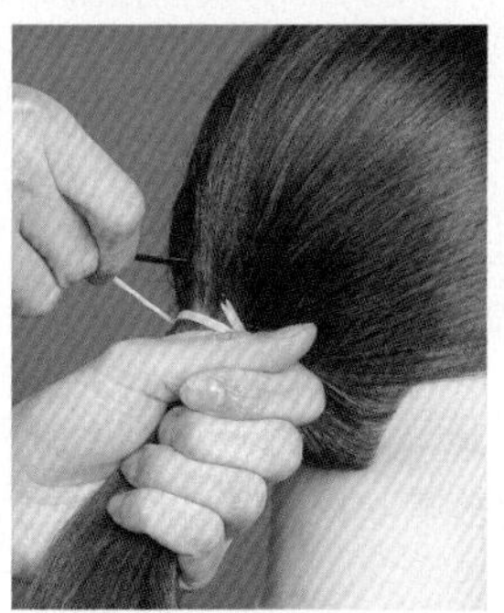
⑤

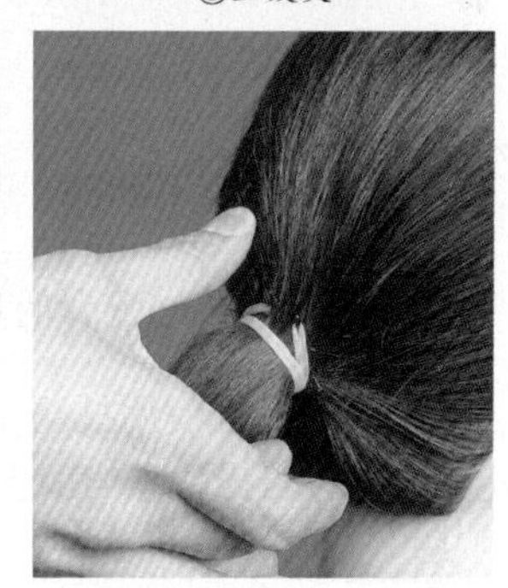
⑥

⑤～⑥上发夹固定

⑦分出一束头发缠绕遮掩橡皮筋

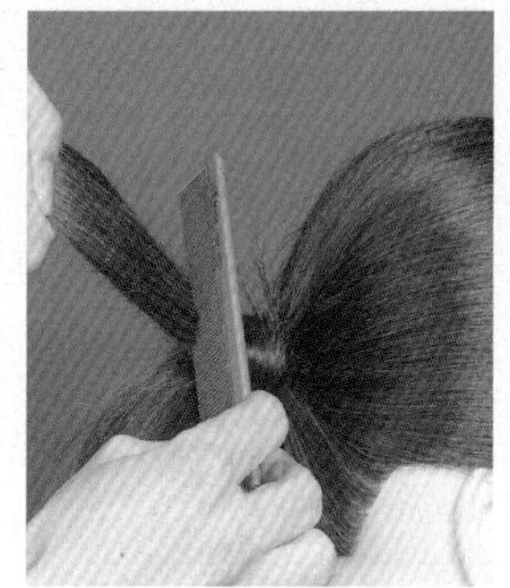
⑧

⑨

⑧～⑨分出发束进行倒削

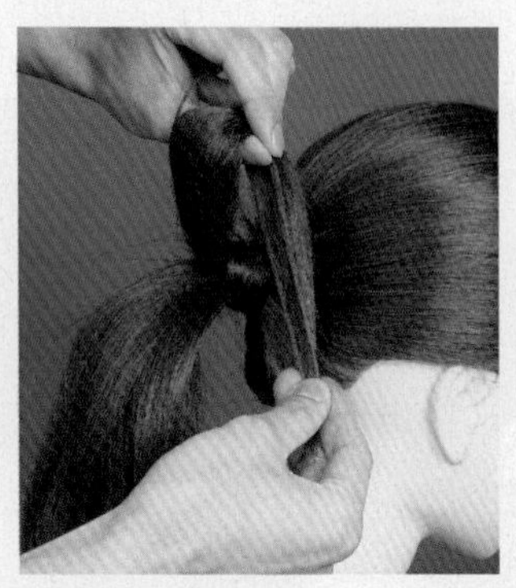

⑩喷上少量发胶进行造型

⑪用同样技巧分出几束发片完成的整体效果

图 5-14 演变手法

5.2.3 吹发造型

1. 吹风机与梳刷配合的基本方法

（1）吹风机的使用技巧（见表 5-1）。吹风机除了要与梳子密切配合外，运用也有一定的技巧，若操作不当，会影响吹风质量。

表5-1 吹风机的使用技巧

	角度	距离	时间
要点	正确掌握吹风机送风角度	风口与头皮之间保持适当的距离	正确控制吹风加热时间
操作方法	送风口与头发成45度，使大部分热风都吹在头发上。两侧及鬓角需贴紧时，风口与头皮角度可以小于45度或与拉起的头发平行	一般间隔3～4厘米，如风口与头皮距离拉近，热量就会过于集中，即使角度掌握正确，头皮也难以忍受。还有可能把头发吹得变形而留下压痕	加热时间过长，易把头发吹干，甚至使头发带静电。加热时间过短又不能达到预期效果。吹风时间没有统一标准，应根据发质及发型的要求效果选择。但在任何情况下，都不能把吹风方向固定，要不断移动。吹风口除了随梳子移动外，还要不停左右摆动，在一般情况下，每吹一个地方，吹风机左右摆动四五次，就能达到良好的效果

（2）梳刷与吹风机配合的方法。在梳理及发式造型中，梳刷作为主要的使用工具，其应用范围很广。同时，可根据使用部位、头发的性质、留发的长短等不同因素，从梳刷使用方法上进行变化，以适应实际操作中的需要。

1）梳子的使用方法（见表5-2）。以下几种是吹风与梳子配合的基本方法，根据发式的具体要求，可以交替使用。

表5-2 梳子的使用方法

	操作方法	作用	适用范围
挑法	将梳子倾斜立起，拇指与其余四指夹住梳把，梳尾顶在手心上，用小部分梳齿挑起一股头发向上拉起，使头发带弧度，再用吹风机送风使头发受热固定成半圆形	使发根直立，发干弯曲，头发形成富有弹性的半圆形	主要用在头顶部和四周，同时适用于发质细软不易蓬起的头发
压法	发梳压：将梳齿插入发内，用梳背把头发压住，热风从齿缝渗入头发，把头发吹平伏 手掌压：用掌心或衬以毛巾按在需平伏的头发边缘，用小吹风机口对准手掌与头发的夹缝把热风轻压到头发上	使头发平伏	需要平伏的头发
别法	把梳子斜插在头发内，梳齿沿头皮向下移动，使发干向内弯曲	使发根直立且有方向性，把头发吹成微弯形状	一般用于头缝处和顶部发旋处
拉法	梳子略带倾斜插入发根后，梳齿向下，利用手指运转，使梳齿平行带起一束头发斜向后拉，吹风机随着梳子的移动而送风	使头发平贴在头部	此方法主要用于较蓬散的发质
推法	梳齿插入头发并压住头发前推	使部分头发往下凹陷形成波纹	用在两侧头发顶部或周围

2）刷子的使用方法（见表5-3）。以下三种刷子的使用方法，在实际训练中应注意双手的力度、刷子的角度，方向要保持均匀、统一，动作要和谐、美观。

表5-3 刷子的使用方法

	别法	拉法	旋转法
操作方法	梳齿面向头发，运用五指运转（拇指向外推，其余四指向内收），将刷子立起，将直发根处向发势的相反方向提拉，使其具备饱满的弧度和一定的高度，后用吹风机加热固定成型	分为立拉和平直拉两种方式。梳齿面向头发，运用手指运转，自发根处向发势相反方向带起头发，至发型所需弯度略顿一下，通过受热使之形成弧度	用梳齿带住头发做360度滚动，同时用吹风机加热，分内旋和外旋。这方法可缓解较卷曲头发的卷曲度，工具的直径直接影响卷曲度
适用范围	多用于直发类发型	在直发类或卷曲类发型中均可使用	用于翻翘或大波浪发型。对直发可制造卷曲，并能增加头发弹性和光泽

2. 吹风梳理程序

（1）直发类发型的吹风梳理程序

1）长发吹风梳理程序。先吹后部，分层由后颈逐层向上吹；再吹两侧；接着吹顶部；然后吹前额刘海部位；最后整体调整（用排骨刷、九行刷配合整理），修饰定型。

2）短发吹风梳理程序。先吹顶部（两侧顶部）；再吹脑后，分层由上而下吹；接着吹两侧及四周；然后吹前额刘海部位；最后整体调整，修饰定型。

（2）卷发类发型的吹风梳理程序。先用圆滚刷配合吹风，从顶部开始逐层拉、滚一遍；再用排骨刷再调整高度和纹理流向；接着吹前额刘海，使整体初步成型；然后用九行刷整理纹理；最后整体调整，修饰定型。

（3）大波浪（做花）的吹风梳理程序。做花时，先洗净头发，然后用塑料卷筒按发型需要全部上卷。操作前先将头发分区、分份，每份发片的长度和厚度与卷筒的长度和直径一致。操作时应将发片梳通，把卷筒放在发尾处进行旋转，将发尾带入卷筒的表面毛刺内，卷到根部，用发夹固定，用网罩包住全部卷筒固定。进入大吹风机（烘发机）内烘干头发，烘发时间为 25 ~ 35 分钟，冷却 10 分钟，拆去卷筒。接下来，吹风梳理，先用钢丝刷梳通顺，梳出基本轮廓纹理（波纹状）；然后吹风固定波纹；接着修饰调整纹理和轮廓。如果后颈处需要做反翘式，应将后发区头发分份，用滚梳将发尾做成反翘式样，与上面波纹的纹理协调，最后整理定型。

3. 吹发造型的注意事项

发式造型中最关键的是梳刷的变化和吹风机的变化。

（1）梳刷的变化。梳刷的变化包括梳刷的角度、力度、发量、方向及弧度等方面的变化。

1）角度。梳刷带起发束的角度大小可确定发型蓬起高低。如梳刷带起的发束超过 90 度时，则发型突出高度；而小于 90 度时，则发型突出弧度。

2）力度。双手使用梳刷的力度要均等，避免带起的发束高低不等，弧度大小不同，而造成发型不协调。

3）发量。梳刷每次所带发量要均等，使发片受热均匀，避免发量过多造成吹风不透导致发型塌陷。

4）方向。梳刷的方向是制造发势的方向，梳刷带起发干的方向与发势方向相反，如线条向后，梳刷向前带发；线条向右，梳刷向左带发。

5）弧度。吹风时，梳刷带起头发的弧度要适中，逐渐加高或降低，不要过快或过慢，否则会造成发型凹凸、不圆顺。

（2）吹风机的变化。吹风机使用是否适度，直接影响发型的质量，其中吹风机的变化包括送风量、送风角度、送风时间及送风位置等方面的变化。在运用吹风机与梳刷工具配合时，不宜过多吹刷，以免使头发僵化，产生静电反应。在运用感应式吹风机定型时，不宜过多进行平伏及压伏处理，否则会使发型呆板、做作（见表 5-4）。

表5-4　吹风机的变化

	送风量	送风角度	送风时间	送风位置
作用	直接影响发型，送风量过大会破坏头发的自然美感，选择送风量是至关重要的	正确控制送风角度对发型的正确完成起关键性作用	正确控制送风时间对发型的效果起关键性作用	送风位置正确与否，直接影响到发的高度、弧度和发势方向
操作技巧	一般造型时多用3/4的风力	送风角度根据实际操作中梳刷带起头发的角度而定，一般吹风口不能对着头发直接送风，而将吹风机侧斜着，风口与头发成45度左右	根据发型及发质来定时间。不能将风口对准一个点长时间送风，以免将头发吹焦，破坏发质。对干性头发，送风时间要短，对油性头发，送风时间可稍长	如吹前冲式发型的额前时，风口应自发根（涉及高度）经发干（涉及弧度）至发尾（涉及发势），风口应从侧位送风，必须要依次进行，避免混乱

5.3　服饰与化妆

服饰是人外部形象中表现效果最为显著的重要部分。其中，服装塑造了人外部形象的整体感觉，服饰配件则与服装的款式、色彩、质地相协调、衬托、呼应，体现出穿着者的整体美感。

5.3.1　服装的基础知识

服装是无声的语言，它透露着穿着者的个人信息，也体现着时代的审美倾向。服装也被喻为是“人体的软雕塑”，服装的色彩、款式、面料是设计的三个基本要素，服装搭配协调与否决定着整体的形象是否得体。

1. 服装的定义

广义的服装概念指的是人们衣着装束的总称；狭义的服装概念的界定随着时代的变化而变化，并由于侧重方面的不同产生了各种服装的称谓。

（1）服饰。装饰人体的物品总称（包括服装、鞋帽、袜子、手套、围巾、领带、提包等）。

（2）服装。穿着于人体起保护和装饰作用的制品。

（3）时装。在一定时间、空间内，为相当一部分人所接受的新颖入时的流行服装。

（4）成衣。按照一定的号码标准，批量生产的服装。

2．服装的分类

服装的种类和门类很多，根据服装的基本形态、品种、用途、制作方法、原材料等的不同，服装亦表现出不同的风格与特色，变化万千，十分丰富。特别是社会分工越来越细，人们生活水平的提高及生活和角色的多元化，使得服装的分类呈现出错综复杂的一面。

服装的分类方法见表5-5。

表5-5　服装的分类方法

常见的分类方法	服装
按穿着组合分	套装：上装与下装分开的衣着形式，如两件套、三件套、四件套 外套：穿在衣服最外层，如大衣、风衣、披风、夹克等 背心、马甲：无袖上装 裙：分为长裙、及膝裙、短裙、超短裙等，如鱼尾裙、一步裙、A字裙、百褶裙等 裤：如长裤、短裤、中裤、背带裤等
按用途分	分为内衣和外衣两大类 内衣：紧贴人体，起护体、保暖、整形等主要作用 外衣：由于穿着场所不同，用途各异，称谓、品种类别很多
	生活用：职业装、运动服、休闲装、郊游装、家居服、睡衣等 社交用：礼服、仪礼服等，如晚礼服、舞会服、婚礼服、丧服、宴会服 演出用：舞台服、戏剧戏曲服等 防护用：消防服、宇航服、潜水服、登山服、极地服等 标识用：制服、军服、民俗服、历史服等
按季节分	冬装、夏装、春秋装等
按年龄分	童装、青年装、中年装、老年装等
按部位分	上装、下装、连体装等
按性别分	男装、女装、中性装
按材料分	纤维类：分为人造纤维类、天然纤维类、混纺纤维类等
	皮革类：裘皮、皮衣等
	其他：如塑料类等
按织造工艺分	梭织类、针织类、无纺类等

5.3.2 服饰配件的基础知识

人类最显著的特征之一是对美和装饰的普遍追求，而人类装饰身体的第一件物品就是饰物。服饰配件在整体形象中具有极其重要的地位，运用恰当的饰物能够起到画龙点睛、烘云托月的装饰作用。一个巧妙的配件，可成为衣着的焦点，可使简单的衣服或素色的衣服平添无限的光彩。

1. 服饰配件的定义

广义的服饰配件是指除服装之外，一切美化人体的装饰物品的总称，包括首饰、帽子、鞋子、箱包、伞、扇子等；狭义的概念则是指装饰人体各个部位的饰品，如项链、戒指、耳环、手镯等。

2. 服饰配件的分类

服饰配件的种类纷繁庞杂，样式琳琅满目，就其侧重装饰的类别不同可分为服装配件和饰品两大类别。

（1）服装配件的分类。服装配件按其实用功能和装饰部位的不同，通常分为以下几种。

1）帽子。现代生活的快节奏和简约的时尚理念，使人们在日常生活中更注重帽子所具有的保暖防寒、遮阳避暑、防风防雨等实用功能。在整体形象造型中，帽子的装饰点缀作用不容小觑，并始终以其不容忽视的魅力成全着人们的顶上风光。

帽子总体上可分为有檐和无檐两大类，材料的选择较为丰富，如绒线、草绳、皮革、布料、羽毛、金属、塑料等。织造工艺也较为多样，如压模成型的毡帽，编织勾结的草帽、绒线帽，裁剪缝纫的各类布帽等。

常见的帽子类型有礼帽、鸭舌帽、贝雷帽、钟形帽、棒球帽、牛仔帽、瓜皮帽、头巾式帽、包头布、斗笠等。

2）包袋。包袋除却实用功能外，往往在选配时要注意其与使用对象的职业、气质、风格、年龄、身份等的吻合。另外，其造型、色彩、材质也应与整体形象相协调。

包袋的造型形式各异，材质选料讲究，装饰手法丰富多变。常用的包按挎背的方式分为手包、挎包、拎包、腰包、单肩或双肩背包等；按功能和使用场合分为手袋、钱包、化妆包、公文包、休闲包、旅游包、登山包、手筒包（暖手用）等。

3）鞋。鞋是整体造型中必不可少的一个重要组成部分，鞋子与整体形象之间的关系越来越受到人们的关注和重视。鞋子除了保护脚部、方便行走，满足基本功能要求之外，对形体高矮的调整、步姿仪态的塑造都起到了关键的修饰作用。

通常，鞋帮在脚踝骨以下的称为鞋，以上的称为靴；根据制鞋所采用的材料，可分为布鞋、草鞋、皮鞋、塑料鞋、胶鞋、木鞋等；根据鞋跟的高低，分为平跟鞋、低跟鞋、中跟鞋、高跟鞋和厚底鞋等。

常见的鞋子类型有便鞋、船形鞋、运动鞋、登山鞋、健身鞋、篮球鞋、网球鞋、跑鞋、凉鞋、旅游鞋、木屐、拖鞋和各类高中低帮靴。

4）其他。除了以上基本常用的配件之外，常见的服装配件还包括各式围巾或围脖、披肩、领带或领结、腰带或皮带、袜子或袜套、手套等，它们在整体的形象塑造中同样起着不可替代的装饰作用。

（2）饰品的分类（见表5-6）。饰品自古以来就是奢侈的代言，它的装饰魅力和象征意义向来被人们所推崇。五光十色、绚烂多姿的饰品可按穿戴和装饰的部位进行归类。

表5-6　饰品的分类

种类	饰　　品
头饰	发饰：发簪、发带、发卡、发夹、发箍、头花、抹额等
	眼饰：眼镜、墨镜等
	鼻饰：鼻环、鼻钉等
	舌饰：舌钉等
	牙饰：牙钻等
	耳饰：耳环、耳钉、耳坠等
颈饰	项链、颈链、项圈、链坠（挂件）等
手饰	戒指、甲套等
腕饰	手链、手镯、臂环、手表等
胸饰	胸针、胸花等
腰饰	腰链、脐环等
足饰	脚链、脚环、脚戒等
其他	饰针（帽针、别针、领针等）、领带夹、袖扣、丝巾扣等

5.3.3　服饰色彩与化妆

人既是审美的主体，也是审美的客体，一切装饰的最终目的是塑造符合时代审美要求或是特定审美要求的形象。

单就色彩来讲，色彩对于形象塑造的作用至关重要。一个形象塑造得成功与否，很大程度上取决于服饰与化妆的色彩关系是否协调，两者互为依托，互为关联，互为影响。良好的色彩关系除了能够达成视觉审美上的协调关系外，对于形象特定的风格塑造也有相当的表现力。

1. 服装色彩的选用

人作为个体相当复杂，人的形象千姿百态，除了显而易见的体貌特征差异之外，人的性格、年龄、民族、宗教、职业、风俗习惯、气质、喜好等都存在着较大的差异。

因此，在服饰色彩的选取和运用的过程中，除了有审美角度的考虑，同时也不能忽略其他因素的影响。

一般而言，在日常生活中，服装色彩的选择主要依据个人的肤色、体型和性格等特征。当然在某些时候，个人的职业、习俗和喜好等都会直接影响服装的色彩选择，甚至穿着的目的和场合有时会对服饰色彩的选用起到决定性的作用。

服装的配色总体来说通常不超过三套色，若色彩选取较多，则搭配难度很大，需要相当的配色技巧。

2. 服装色彩与化妆

服装的色彩应与化妆的用色协调一致，通常化妆的色彩选用要服从整体的要求，根据服装色彩用色求得色彩上的协调呼应是一种较为常用的方法。

服装与妆面的色彩协调可以从以下方面入手：

（1）基调统一。服装的用色基调与妆面的用色基调相一致。如服装用色为暖调，妆面相应也为暖调。具体细节考虑，比如口红的色彩选择主要根据服装主色调的冷暖而定，暖色系配暖色口红，冷色系配冷色口红。

（2）呼应关联。常用的手法如眼影的色彩可选择与服装色彩相近，以求得色彩的相互呼应。若服装色彩比较丰富，则可选用服装主色，也可以选用服装上的任意色彩，形成一定的色彩呼应。

（3）无彩色系的服装。如黑白灰等则可以与任意色调的妆面协调，而较本色自然、接近对象肤色的妆面，如浅棕色系比较容易和各种色彩的服装协调。这些主要依托色彩与色彩本身的关系和色彩与肤色之间的色彩效果。

一般来说，相邻和相近的色彩总是比较容易协调，如橘红与朱红、红与黄等；色彩反差较大或接近补色关系时，色彩之间的倾向由于对比强烈而更加鲜明突出，如黄和紫、红和绿、橙和蓝。因此，作为面积感较大的服装色彩应注意形成一定的统调感，而化妆色彩的选择和运用更要服从整体的要求。

总之，色彩在整体形象的运用中，所遵循的一个原则就是“在统一中求变化，在变化中求统一”。

单元小结

化妆造型是充分展示化妆师个人审美情趣和操作技巧的工作。除了化妆技术的娴熟，对基本发型知识、服饰知识的了解也至关重要。

发型是构成人的整体形象的重要组成内容之一。发型的不同可以反映出人的多个侧面。梳理合适的发型会使人的整体形象趋于完美。对初学者来讲，掌握基本常识与技术很关键，能配合妆型完成最简单的发型，并为以后的学习打好基础。

服装与饰物也是一种重要的造型语言，妆型要与其保持一致，搭配得当的服饰会使妆容更加完美。服装的轮廓、造型、色彩、风格是人的整体形象中最显著的部分。而饰物在整体造型中往往起到画龙点睛的作用。

职业技能鉴定要点

行为领域	鉴定范围	鉴定点	重要程度
理论准备	发型与化妆	发式造型工具与产品	★
		盘（束）发的梳理	★★★
		吹发造型	★★
	服饰与化妆	服装的基础知识	★★
		服饰配件的基础知识	★★
		服饰色彩与化妆	★★★

单元测试题

一、简答题

1. 简述常用的美发、固发用品的分类及其作用。
2. 简述发结的不同位置、直卷程度对造型效果的影响。
3. 简述扎结的基本方法。
4. 简述拧绳与双重滚卷的造型作用。
5. 简述吹风机的使用技巧。
6. 简述吹风时梳子的使用技巧。
7. 简述长发吹风梳理程序。
8. 简述卷发类发型的吹风梳理程序。
9. 简述吹风时梳刷的变化要点。
10. 解释“服装”的定义。

11. 解释“服饰配件”的定义。
12. 简述服装按穿着组合的分类。
13. 简述服装按用途的分类。
14. 简述服装配件按其实用功能和装饰部位的分类。
15. 简述饰品的分类。

二、操作题

1. 拧绳法练习。
2. 打结法练习。
3. 盘发练习。
4. 吹风练习。

上海地区职业培训机构推荐名录

机构名称 | 上海宏星职业技能培训学校

教点地址 上海市静安区共和新路1231号2楼

学校网址 www.shhxpx.com

咨询热线 021-56631966；021-62506651

咨询QQ 77023668；445311255

邮　　箱 shhxpx@163.com

学校介绍

成立于1998年，培养学员万余名，培训经验丰富。核心师资来自于相关行业和著名高校的专家，优中选优。小班制授课，班主任全程关怀，及时评估授课质量并及时改善，解决学员的问题。

培训内容

中式烹调师（五、四、三级）　中式面点师（五、四、三级）　西式面点师（五、四级）
育婴师（五、四、三级）　保育员（五、四级）
公共营养师（四、三级）　形象设计师（五、四级）

机构名称 | 上海韵丽职业技能培训学校

教点地址 上海市静安区汉中路158号611室

学校网址 www.shyunli.com

咨询热线 021-56338188；021-63531108

咨询QQ 775150992

学校介绍

创办于1993年，隶属于上海韵丽国际美容机构，是上海市劳动局直属批准的首家具有核发上岗证书、技术等级证书资格的上海美容学校。迄今为止，已培养数万名学员，在上海化妆学校、上海美容学校、上海美甲学校、上海美发学校中均名列前茅。

培训内容

美容师（五、四、三级）　形象设计师（五、四级）　美发师（五、四级）
芳香美容（专项）　美体（瘦身）（专项）

机构名称 | 上海香格里职业培训学校

教点地址 青浦区青浦镇青赵路910号（本部）
青浦区朱家角镇西井街84号（分部）

咨询热线 021-39200088

邮　　箱 xglxx2013@163.com

学校介绍

获得“上海市先进社会组织”“上海市巾帼文明岗”“上海市社会组织规范化建设5A级”“上海市办学质量和诚信等级A级机构”等荣誉；学员就业率达到98%以上。

培训内容

服装制作工（五、四、三级）　服装制版师（四、三、二、一级）　会展策划师（四级）
商业摄影师（五、四级）　形象设计师（五、四级）　服装跟单（专项）　服装CAD（专项）